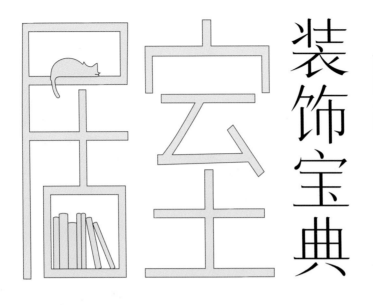

装饰宝典

赵侠 田甜 ——— 译

[英] 乔安娜·科普斯蒂克 ——— 编著
[英] 霍莉·贝克尔

中国青年出版社

律师声明

北京市中友律师事务所李苗苗律师代表中国青年出版社郑重声明：本书由Quarto出版社授权中国青年出版社独家出版发行。未经版权所有人和中国青年出版社书面许可，任何组织机构、个人不得以任何形式擅自复制、改编或传播本书全部或部分内容。凡有侵权行为，必须承担法律责任。中国青年出版社将配合版权执法机关大力打击盗印、盗版等任何形式的侵权行为。敬请广大读者协助举报，对经查实的侵权案件给予举报人重奖。

侵权举报电话

全国"扫黄打非"工作小组办公室	中国青年出版社
010-65233456 65212870	010-50856028
http://www.shdf.gov.cn	E-mail: editor@cypmedia.com

图书在版编目（CIP）数据

居室装饰宝典 /（英）霍莉·贝克尔，（英）乔安娜·科普斯蒂克编著；赵侠，田甜译.--北京：中国青年出版社，2019.11
书名原文：Decorate
ISBN 978-7-5153-3860-6

I. ①居… II. ①霍… ②乔… ③赵… ④田… III. ①住宅-室内装饰设计 IV. ①TU241

中国版本图书馆CIP数据核字（2019）第267033号

版权登记号：01-2019-6053

居室装饰宝典

[英]霍莉·贝克尔 [英]乔安娜·科普斯蒂克 / 编著
赵侠 田甜 / 译

出版发行	中国青年出版社	印 刷	北京利丰雅高长城印刷有限公司
地 址	北京市东四十二条21号	开 本	787×1092 1/16
邮政编码	100708	印 张	14.25
电 话	（010）50856188 / 50856189	版 次	2020年5月北京第1版
传 真	（010）50856111	印 次	2020年5月第1次印刷
企 划	北京中青雄狮数码传媒科技有限公司	书 号	ISBN 978-7-5153-3860-6
		定 价	79.80元
责任编辑	张 军		
策划编辑	石慧勤		
封面设计	乌 兰		

本书如有印装质量等问题，请与本社联系
电话：（010）50856188 / 50856189
读者来信：reader@cypmedia.com
如有其他问题请访问我们的网站：www.cypmedia.com

目 录
CONTENTS

"给自己放个假，去寻找灵感吧。您可以去参观艺术画廊，可以去逛街，还可以只去书店待一下午。"

作家：卡罗琳·麦卡锡
（Carrie McCarthy）

"对我来说，家很简单，家就是避风港。家是休憩的地方；家是遮风挡雨的地方；家是可以玩耍、放松、创造的地方；家是能够鼓舞人心的地方。"

设计师：皮亚·简·毕克勒克
（Pia Jane Bijkerk）

引言
INTRODUCTION

"明辨，
感知，
相信直觉。"

香农 · 弗里克
（Shannon Fricke）

静物画
日常物品，比如美丽的瓷碗、瓷盘，值得特别关注。将它们摆放在搁板上、窗台上或者橱柜里，带给人充满喜悦的每一天。

森系居室装饰风格 上图

喷漆树枝摆放在简约的白色木质搁板上，打造风趣诙谐的背景，用于展示从自然中汲取灵感的装饰品。

"我希望我的家为我所用。我设计的每一处都基于实用和美学。我真心希望家是居住的地方，而不仅仅只是令人艳羡的地方。"

设计师：阿特兰塔 · 巴特利特
（Atlanta Bartlett）

《居室装饰宝典》是一本与众不同的装饰书籍。本书主要关注装饰理念，而不是某一种标准样式或者特定的设计美学。书中有 1000 多种设计理念，为读者提供全新视角，完成居室改造。

如果要问设计师创造空间的灵感是什么，那么答案肯定是千差万别的。有人认为一幅画可以奠定全屋的色彩主题，而有人则认为尽管很多房间的初始设定是白色空间，如白色墙面、地板和窗户，但是一件复古而独特的家具则对新旧主题起到兼收并蓄的作用。有时，空间结构指明了设计方向，喜爱的织物、备受信赖的喷漆色彩，都可以奠定乡村或现代风格。打造居室风格、主题的方式多种多样，可以去跳蚤市场淘一套布满灰尘的橱柜；去拍卖会竞拍一面美丽的镶框镜子；花高价投资一件复古家具或简单改造现有桌椅，以此来体现个人风格。

我们咨询了当今一些最有趣、最能启发人的创意设计师，了解他们的装修理念，他们认为装修理念可以反映出个人的居室风格、创造力及信心。他们中的一些人士向我们展示自己的个性笔记本，上面记录了创意灵感；另一些人士允许我们在他们那儿拍照，从而获取装修理念的第一手资料；还有一些人士向我们展示他们最近的作品集，体现出他们的才能和创新。

不管是独特另类的房屋，还是精心装饰的房屋，无论我们去哪儿，我们都会收集所有相关的视角和智慧：如何齐心协力打造大小各异的绝佳空间；如何获取巧妙组合色彩的方法，织物和墙纸的全新用法；如何让简单的精选藏品历久弥新等。

"规划空间举足轻重"一章告诉大家如何评估现有家具以及如何利用好它；调整哪里的空间以及何时调整；如何让小空间变得更大或者让黑暗的空间变得更亮；何时可以调整建筑结构本身来适应空间。"设置居室装饰风格"一章提供建议，说明如何创造自己的情绪板，利用织物、喷漆手表以及珍贵物件，如按钮或丝带来决定自己的居室风格。本书收集众多室内装修风格，包含现代简约风、自然风、旧物改造风、混搭风、炫彩风，提供多种设计理念。

"打造理想生活空间"一章涵盖关键房间的经典案例，从厨房、客厅、卧室到卫生间，从工作室、创意室到儿童房。全书通篇穿插案例分析，给核心居室装修提供详尽建议，而房间平面图则就每个空间如何设计提出实用的指导意见。最后，"关注居室装饰细节"一章画龙点睛，指出可以创造或者改造的室内空间，可以利用的瓷器、鲜花和软饰。

本书以轻松便捷的方式，如何利用现有家居、兼顾预算，鼓励读者从不同角度挖掘可能性，并提供多种风格选择。无论是放荡不羁还是装饰派；是复古风格还是怀旧风格；是乡村风还是现代风，无论你喜欢哪种风格，本书都可以提供设计理念和设计师，帮助读者打造创意新居。

"装修是个人风格的延伸。找到自己的装修风格取决于是否了解自己的真正所爱。"

作家：卡罗琳 · 麦卡锡

户外 上图
优雅的咖啡桌，视线一览无余；喷漆地板，折射出明亮的自然光线，把生机带给埃米 · 诺恩辛格（Amy Neunsinger）洛杉矶的家。

Chapter 01

规划空间举足轻重
PLANNING SPACE MATTERS

"请耐心对待生活中所有的事物，
享受过程！
对我来说，我追求的不是居室装饰的结果，
而是能持续参与其中，
创造出活力四射的艺术品。"

埃米·巴特勒
（Amy Bulter）

新旧交织
设计师弗雷德里克·麦仕士（Frédéric Méchiche）精心挑选的桌椅，使其丝毫不减弱建筑本身的亮点。

城市之光

林赛·卡莱奥（Lyndsay Caleo）和菲茨休·卡罗尔（Fitzhugh Karol）坚持不妥协的风格，改造了位于布鲁克林的一间褐沙石外墙的房屋。

"如果计划装饰家居、感知空间，
那么就会加深对自身的了解，同
时更加了解自己的家。"

作家：卡罗琳·麦卡锡

留白空间的冥思

室内设计的一大乐趣是打造可以欢度时光的空间。想象一下那些感觉最自在的房间模样。理由显而易见，可能是采光充足，设有宽敞的待客沙发，或更为巧妙的设计，比如厨房集形式和功能于一体，打造客厅待客空间和食物准备空间。换个角度考虑重要的物品及其原因。

整理个人清单，列出重要的方面。如果注重光线，就要考虑家具紧靠窗户摆放，方便欣赏风景；如果待在厨房的时间较长，就要考虑朋友们也可以在厨房闲聊聚会；如果注重空间感，就选择打通墙面，应用滑动屏风或者通透门。

留白空间设计清空房间的一切元素，不管是生理还是心理元素；不管是想扔掉厌倦的家具、色彩单调的窗帘，还是布置新空间，确认新装壁炉或窗帘。

把计划落实在纸上　房间平面图用以分析空间结构并且认真考虑如何充分利用空间。是选用舒适型住宅还是功能型住宅；是使用屏风隔断还是用摆放家具的形式打造特定区域；是考虑将客餐厅融为一体还是反其道而行，利用临时屏风打造氛围怡人的娱乐室。

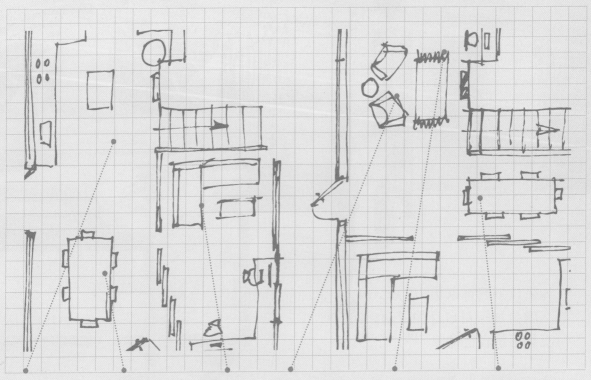

友好的家庭厨房或餐厅。

考虑适合家的餐桌形状。

在长方形空间内放置 L 形沙发，打造舒适角落。

围绕式放置家具，打造亲密座区。

客厅可分隔成多个区域，比如可以打造出家庭办公区。

座区和餐厅紧密相连，打造良好的社交空间。

打造所想
一旦决定将如何居住，并且
已经评估过房间，就可以考
虑如何安排基本部件，如家
具和窗帘以及如何装饰墙面
和地板。

规划的重要性

利用现有物品

▸ 列出现有物品的清单：灯具、房间平面图、家具、室内陈设及装饰品。

▸ 空间设计是否由其功能决定，比如厨房或工作区；或者空间设计是否仅用来放松身心。

▸ 如果房间内含有如下建筑结构，比如屋顶飞檐、壁炉、镶板墙或有趣的门，请将其融入装饰主题，突出重点。

▸ 制定每间房的使用方案。想在厨房娱乐并且就餐吗？想让客厅朝向厨房和餐厅吗？如果有孩子，他们需要专属的娱乐空间吗？

▸ 卧室内还有多余的空间打造卫生间和更衣室吗？想通过敲墙的方式创造出新空间吗？想从平台或走道"偷"点空间吗？

▸ 或许需要使用传承或者购置的家具，比如家庭餐桌或昂贵的沙发。

▸ 可能有一处采光不佳的空间，但是没有预算安装新窗帘或敲墙，此刻需要选用浅色色调，点亮空间。

▸ 回想一下还有哪些现成的物品，与所期待的装饰方案相匹配。

与建筑结构相匹配　上图
让建筑本身掌握发言权。充分利用自然焦点，如壁炉或有特色的窗户。在炉火任意一边安排休闲座区，引人入胜。

时尚厨房　下图
紧凑型白色住宅单元巧妙利用角落空间，打造挑高厨房或餐厅。可以在此摆放家用黑板，还能拥有大量收纳空间。

房间视觉效果　上图

打造双入口门，提升室内空间，引入迷人景致。可以在这里摆放大型绿植、悬空挂件，打造魔幻效果。

白净空间　下图

简化步入式淋浴房及需要空间感的房间，只需白色大理石墙面、玻璃以及深色木地板即可。

落实规划　付诸行动

▶ 利用房间平面图，摆放好现有家具、灯具、地毯及软装，考虑现有物品与还需添置的物品。

▶ 确定断舍离清单或物品更换清单。可以购置心仪已久的新餐桌，还可以使用复古好物制作新窗帘。

▶ 需要确定居室装饰风格以及与之搭配的物品，或者是否需要打造专属风格。

▶ 如果房间有些单调并且结构方正，那么就引入有趣的焦点。可以设计壁炉展示架、摆放大件独立式家具或者将整面墙挂满绝美艺术品。

▶ 利用色彩界定空间，凸显特色。将一面墙粉刷成不同色彩，或者使用墙纸，打造吸睛焦点。

▶ 定制或利用现成的大型枝形吊灯，打造出美轮美奂的灯光秀。

▶ 地板同样重要，无论是去皮原木地板还是喷漆木地板；是铺设大地毯还是小地毯；是选用混凝土还是时尚合成地毯。

▶ 改革创新：展示鞋靴、摆放喜爱的陶瓷或给偏爱的餐桌搭配未喷漆的椅子。

塑造空间

遵守最佳布局的基本原则，打造有趣、功能性强的空间；然后加入个人想法，打造出生动的房间。

"布局家具——这很简单，但是大部分人都认为自己不需要。而专业人士却都是这么向客户建议的。"

设计师：汤姆·德拉万
（Tom Delavan）

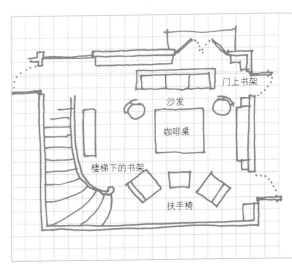

门上书架
沙发
咖啡桌
楼梯下的书架
扶手椅

客厅平面图

- 在较大空间打造出独立安静的阅读区。
- 设计嵌入式或独立式收纳空间。
- 家具围绕如大型咖啡桌这一视觉焦点摆放，打造出舒适温馨的待客空间。
- 房间铺设的地毯可确定座位区的位置与格调。
- 使用落地桌区分不同的活动区域。
- 购置含两个及以上座位的沙发，灵活机动，方便选择。
- 如果家有建筑结构特殊的区域：重要家具、藏书、艺术品或其他，那么可以用它们决定居室设计方案。

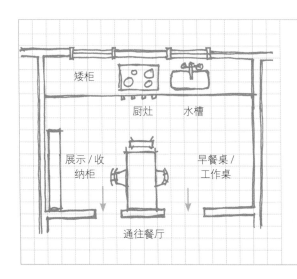

厨房平面图

- 将水槽、冰箱、厨灶设计成三角形布局，提高空间利用率。

- 这一绝佳布局也适用于 U 形、L 形和岛台形厨房。

- 小户型可选用嵌入式家具，最大化利用空间。

- 大户型则可纳入就餐区或多功能岛台。

- 避免使用色彩过度协调的落地柜，尝试使用开放式搁板，展示最喜爱的陶瓷藏品。

- 地板的实用性至关重要，可选择可水洗、耐磨以及方便清理的材质，比如瓷砖、合成地毯或者乙烯基塑料。

黑白配色与阅读区　左页左图

设计师弗雷德里克·麦仕士的巴黎公寓客厅四周遍布藏书。传统的建筑结构和房间四周排列的现代家具形成鲜明对比，赏心悦目。

以书为"媒"打造新空间　左页右图

内置书架完美嵌入原始建筑结构，为 20 世纪中期及现代皮革坐具创造舒适宜人的环境。

不同形式的优雅　左下图

丹麦家居潮牌 Tine K Home 的创始人蒂内·克尔森（Tine Kjeldsen）设计的橱柜更像家具，这恰恰是布置厨房、客厅、餐厅的绝佳方式。

多功能空间　右下图

在厨房或餐厅的区域摆放一张简易小桌，可以做备餐区或临时工作区。独立式收纳柜摆放在附近，餐具随手可取。

"设计房间时，我会考虑织物、色彩、印制品这些让我感到温暖，能够给我启发的物品。我的卧室虽然很小，但却能够让我感到平和。"

设计师：埃米·巴特勒

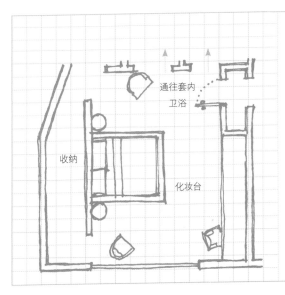

卧室平面图

- 充分利用睡床，因为很显然睡眠区的床是焦点。

- 高品质的阅读灯和床边桌是必备品。

- 搭配好衣服和鞋子，使之融入现有空间。如果家的空间不大，可以考虑多设计一个收纳空间。

- 考虑利用窗帘、屏风或者半高墙面做衣服收纳分隔区。

- 可以在嵌入式壁橱上安装镶板墙纸、镜子或者装饰门把手，让壁橱看起来更有趣。

- 在墙面上展示从喜欢的地方搜集来的素描和绘画。

- 考虑利用床下区域做额外的收纳空间。

隐形收纳　左上图

设计师马克·帕拉佐(Marc Palazzo)和梅莉莎·帕拉佐(Melissa Palazzo)位于橘郡的家中摆放着一张改造木床，木床后面悬挂着半透明窗帘，拉开窗帘，映入眼帘的是步入式壁橱。

仿真墙　右上图

大幅绘画作品悬挂在不显眼的落地窗轨道的金属丝上，足以以假乱真，打造仿真墙。这张床不设床头柜，更加强化了仿真墙的错觉。

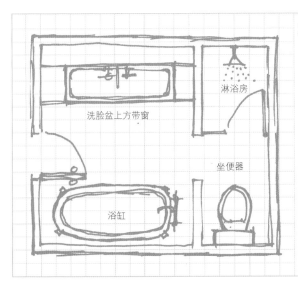

洗脸盆上方带窗

淋浴房

坐便器

浴缸

卫生间平面图

▪ 选择在卫生间摆放浴缸还是只需要淋浴房？以上物品是否能放得进套内卫生间？

▪ 卫生间总是需要收纳空间，所以考虑设计落地柜或嵌入式收纳柜。

▪ 双槽洗脸池有时比单槽洗脸池更实用。安装两个有趣的水龙头或者每个洗脸池安装独特的镜子。

▪ 铺设瓷砖装扮卫生间。Metro 品牌瓷砖给人一种质朴、怀旧感，而彩色马赛克瓷砖或混搭印花瓷砖则令人想起地中海风格或打破传统的乡村风格。

▪ 用色彩艳丽、图案生动的墙纸打造生机勃勃的卫生间。

▪ 选用实用、易于清洁的地板，其材质可以是瓷砖、抛光混凝土或乙烯基塑料。

双倍视觉效果   左上图
公共卫生间内设有宽敞的双槽洗脸池，其上方水平安装着一面宽敞的梳妆镜。

私人空间   右上图
帕拉佐夫妇设计巧妙，打造一面带缺口的假墙，将步入式淋浴房和坐便器嵌在主卫后面，同时配套独立浴缸和宽敞双槽洗脸池。

考虑建筑结构

充分利用结构优势

利用现有物品

▶ 建筑装饰线条采用鲜明的色调或在屋顶与墙壁不同色时与屋顶保持同色，这样的装饰效果更加光彩夺目。

▶ 在传统空间中，添置现代家具，制造温馨旧物和新事物的碰撞。

▶ 突出焦点，如壁炉或镶板墙，其周围不摆放家具或悬挂图片。

▶ 如果窗户面积大，就尽可能减少使用窗饰，突出窗户本身的形状，并将其打造成空间内的重要组成部分。

▶ 在挑高房间中，另辟蹊径。充分利用房间面积，引入超大型元素，如吊灯、大型绿植、宽敞沙发，突出空间特点，营造完美氛围。

▶ 无论去皮原木地板、亮光漆混凝土还是瓷砖，都要注意铺设平整，使得空间本身能够引人注目。

▶ 考虑将又深又宽的地方刷成和其他建筑结构（踢脚线、画框和护墙板）相同的颜色。

不拘一格打造舒适空间
埃米·巴特勒将绝无仅有的现代风物品与时尚的民族饰品结合，打造完美客厅。此外，客厅设有天窗，最大程度地引入自然光线。

"在精心设计的空间中，简洁的线条是任何成功工作的开始。我认为，现代建筑非常完美，可以引入任何想采用的时代风格，但是需要充分利用建筑本身，彰显出室内陈设的最佳优势。"

设计师：维森特 · 沃尔夫
（ Vicente Wolf ）

工业风区域
改造建筑通常最好涂白，突出建筑本身，使其成为视觉焦点。屋顶椽子上悬挂秋千，凸显空间高度。

充分利用空间

充分利用空间即充分利用现有建筑、装修风格与居室结构，如墙面、地板和天花板保持一致。例如，挑高楼层可以打造夹层或挑高的定制墙壁，最大程度地利用空间。如果家中有几间小房间，可以敲墙拓宽空间面积或在单间房间内摆放半高屏风，打造不同区域，同时提升自然光线。

埃米·诺恩辛格（Amy Neunsinger）的工业风格住宅位于洛杉矶劳雷尔峡谷（Laurel Canyon），建于20世纪50年代。该住宅现已大规模扩建，但保留原始框架，包括边缘坚硬的组件，如混凝土地板、外露的天花板横梁、裸露的金属框窗户和暴露的排气管道。

"当晚上点燃蜡烛，欣赏墙面的纹理时，宽敞舒适的感觉涌上心头。而在白天，这里则带来完全不同的感觉，可能是朴素无华，也可能是富丽堂皇。"

埃米·诺恩辛格

单间公寓　下图
开放式客厅和餐厅充分利用大窗户和光线充足的挑高空间。主打枝形吊灯、古老的喷漆餐桌和钢制餐椅、饱经沧桑的墙面，他们和谐相处、妙趣横生。一楼全屋铺设黑色喷漆地板，空间协调统一。

"我想起那套融合法式风格与工业风格的房子。我喜欢纯粹的功能。但对我来说，柔软的女性化物品也很重要。"

埃米 · 诺恩辛格

埃米聘请建筑师胡安－费利佩·戈尔茨（Juan-Felipe Goldstein）监管这栋住宅的改造工作。该住宅建于 20 世纪 50 年代，面积不大，现准备将其改造成宽敞温馨的家庭住宅。尽管如此，这栋住宅给人的整体印象之一是凉爽舒适。住宅的许多墙壁未经处理，天然砖和混凝土铜绿营造出特别温暖和丰富的质地。在整修过程中，戈尔茨坦打电话给埃米，恳求保留墙面的初始状态，因为这些斑驳的墙壁极具吸引力。它们给住宅的整体装饰趋势带来灵感。现在质感是扩建住宅的核心所在。这一点可以在锌桌、喷漆藤条、动物皮毛小地毯和舒适的棉质外套上感受得到。由于该空间内缺乏柔软的地方，所以将以上所有的不同材料混合起来，即可产生凝聚力和惊艳的暖意。

工业风格时尚

在有坚硬组件的空间内，记得柔化其边缘。帆布上的巨型摄影图案给纯白墙壁增添了自然海景；舒适的沙发以及来自圣莫尼卡跳蚤市场的非洲雕刻木桌，摆放在光滑的灰色混凝土地板上极具吸引力。

轻盈明亮　左上图

白色装饰在明亮的白色空间中看起来总是很棒，与其中点缀的深色色调和木材形成鲜明对比。一张民族特色鲜明的木制控制台使得座位区显得不至于过白；一张上好的矮胖金属材质咖啡桌摆放在动物皮毛小地毯上。

家庭活动室中摆放着富态柔软的沙发和两张大型圆形临时桌，极具民族特色，营造出轻松氛围。

厨房中的岛台设计最大程度地提高灵活性，给大型双扇落地窗提供空间，释放墙面空间。

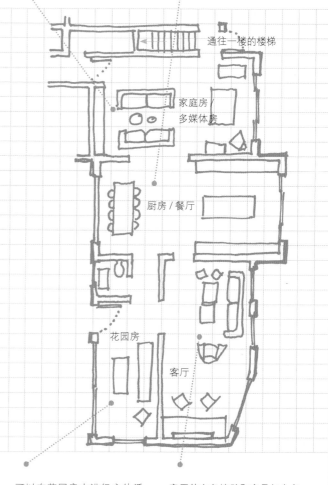

通往一楼的楼梯

家庭房 /
多媒体房

厨房 / 餐厅

花园房

客厅

可以在花园房内进行户外活动，即使在雨天，仍然可以享受大自然的美好。

客厅的白色墙壁和家具与白色天花板椽子相配，营造出凉爽、通风但温馨的氛围。

厨师厨房　左下图

定制橱柜轻松融入工业空间，这里拥有兼具实用与时尚的不锈钢厨具和开放式搁板，同时配套复古配件，活跃空间。

浅色调和中性色调　上图

安妮塔·考沙尔（Anita Kaushal 的伦敦客厅粉刷成柔和的浅灰色。浅灰色充分吸收寒冷的北极光，给位于欧洲的房间带来暖意。

壁灯　上图

设计师维森特·沃尔夫的纽约公寓中，安装有落地滑动玻璃门，自然光线充足，可以瞥见另一侧的书籍、绘画和装饰物品的迷人景致。

引入自然光线

自然光线是免费、天然的，请巧妙、合理地利用它。

在舒适的房间内沐浴自然光，感受日夜更迭，极具诱惑力。房间向阳面是美好的，可以在早上、晚上或一整天都能有阳光照射。了解自然光线来自哪个方向，有助于确定在房间中使用哪种色彩可以增强或减弱光线。

自然光线至关重要

▶ 北半球朝北的房间自然呈现出灰蒙蒙的色调。如果房间粉刷成亮白色，则看起来更加阴暗肮脏。选择冷灰色有助于活跃空间。

▶ 宝石般明亮的阳光照射进房间，室内呈现出鲜亮的紫红色或黄玉色。如果光线不是问题，请选择缤纷的色彩。

▶ 留心观察，不要装饰窗户，否则光线会变得稀疏，应该最大程度地多引入光线。

▶ 安装屋顶灯，为采光较差的空间额外引入自然光线。

▶ 在房间之间安装一扇内部窗户，可选用玻璃砖或磨砂玻璃面板，方便从另一个可能有外部光线进入的空间"偷"阳光。

▶ 需要隐私的地方，可以使用平纹细布或亚麻布材质的透明卷帘，且不影响日间阳光照射。

▶ 光线不足的空间，可选择浅色调，配合光谱的中性色，获得最佳效果。

"环境与情绪之间存在内在联系。光线的数量和质量是决定这些情绪的第一要素。"

设计师：马西娅 · 齐亚 -普里韦恩
（ Marcia Zia-Priven ）

"客厅里的壁龛恰到好处，前面摆放着旧沙发，其上方挂着艺术品。朝客厅看去，这是一个很好的聚焦点。"

设计师：克劳斯 · 罗本哈根

顶部投射　左上图
屋顶灯与双扇落地窗相结合，最大限度地提升厨房或餐厅的自然光线；浅色木地板和墙壁则营造出通风的氛围。就算是大理石桌面也能向上反射出自然光。

格调柔和的现代家居　右上图
深色木地板性价比高。深色木地板将房间连接起来，与复古灯、黑白印制品和垫子一起凸显客厅色彩。

串联空间

每个房间位于同一条线上，并且每个房间的门位于同一点，便于从一端欣赏另一端的美景。这种方法最先用于巴黎凡尔赛宫这类大型建筑，但也会经常用在城市公寓和乡村小屋。装饰一系列相互连接的空间极具挑战，同时也趣味横生，需要经常观察从一个房间看到另一个房间的风景，是否和现在所处的空间相匹配。

时装设计师海迪·霍夫曼莫列尔（Heidi Hofmann Møller）和画廊总监克劳斯·罗本哈根（Claus Robenhagen）位于哥本哈根的迷人公寓采用相互对齐的设计方案，打造更宽敞的视觉效果。

互相对齐的空间
从卧室、餐厅、书房到客厅的独特景观，这意味着风格一览无余、没有秘密。每间房间的家具必须与每个相邻空间相匹配。

这种布局最常见于公共场合，比如艺术画廊和博物馆。因为克劳斯自己就参与艺术画廊的设计，所以显得轻而易举。"我们真心喜爱这四个房间的连接方式。它宛如一个大房间，但每个空间都很明确，有一定的灵活性。

餐厅位于公寓中心，通常用作娱乐区。"入口通道非常小，从这里前往其他房间非常方便。"海蒂说："我们吃晚餐或开派对时，会在中间的房间品尝饮料，最后越喝越多，有时还会在这里跳舞。"双门设计强调线性布局。一边是卧室私密区，印有"传家宝"和"天才"等字样，而餐厅这边的灵感则来自20世纪80年代的意大利孟菲斯风格美学。人们对卧室设计和餐厅的设计都赞誉有加。

搬家的前四年，这对夫妇爱上了明亮宽敞的感觉，决定开始彻底翻新。他们剥去旧墙纸，涂刷地板，更换电气设备，改造建筑装饰线条。多层喷漆后，很难看出它们应该是什么样子。厨房和浴室均翻修一新。

他们使用水性涂料将地板涂成黑色，然后在上面粉刷一层水性漆将其密封，操作轻松且非常耐用。"我们喜欢黑色，因为它可以聚焦空间，并且突出房间其他区域的色彩。"

"从餐厅到卧室的定制双门由班克（Bank）和劳瑞（Rau）两位艺术家共同设计。灵感来自于一个事实，即门将几间位于公寓中心的房间捆绑在一起。"

海迪·霍夫曼真列尔
（Heidi Hofmann Møller）

"我们的个人风格是几十年来的生活积累，最终呈现出丰富多彩、个性化创新的风格。"

克劳斯·罗本哈根
（Claus Robenhagen）

无人岛艺术画　左上图

金属丝制成的滚动地图简洁得体，与客厅和餐厅之间的学习区内的现代曲木安乐椅遥相呼应。

餐厅　右上图

特色餐厅位于公寓中央，埃罗·沙里宁（Eero Saarinen）郁金香桌子非常显眼，其造型是椭圆形的，在一系列方形和矩形空间之间尽显丝滑。

床靠背软包　左页图

饱满厚实的软包横跨床的顶部，取代传统的床头板，同时给卧室增添色彩。

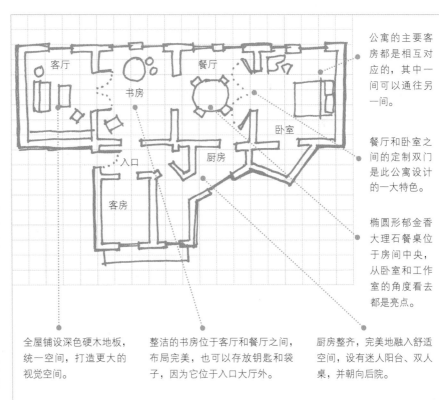

客厅　　餐厅

书房

入口

卧室

厨房

客房

公寓的主要客房都是相互对应的，其中一间可以通往另一间。

餐厅和卧室之间的定制双门是此公寓设计的一大特色。

椭圆形郁金香大理石餐桌位于房间中央，从卧室和工作室的角度看去都是亮点。

全屋铺设深色硬木地板，统一空间，打造更大的视觉空间。

整洁的书房位于客厅和餐厅之间，布局完美，也可以存放钥匙和袋子，因为它位于入口大厅外。

厨房整齐，完美地融入舒适空间，设有迷人阳台、双人桌，并朝向后院。

分隔空间

巧妙分隔原始空间，打造新造型，
开发新功能。

分隔空间的创造性方法多种多样。从建
筑解决方案（使用人造墙充当空间隔断
或界定功能变化）到独一无二的装饰品
分隔空间（复古折叠屏风或大件传统家
具）。无论选择哪种方法分隔空间，屏
风都是一种多功能的方式，架构空间，
提升利用率。

釉面门　下图

纳塔莉·莱特（Nathalie Leté）位于巴黎的
公寓中，打开釉面金属框架门，就来到了明亮
而异想天开的女士卧室。白天，打开门可以拓
宽生活区域；夜晚，拉上卧室的落地窗帘，就
可营造出贝都因风格的半帐篷感觉。

利用现有家具

▷ 将收纳功能融入搁板或橱柜中，使屏风起到真正的作用。

▷ 滑动门或屏风可以用木材或磨砂玻璃板制成，还可以用壁
画装饰，增加美观。

▷ 半高屏风在分隔特定区域时起到微妙的遮蔽作用，例如卧
室中的独立浴缸、客厅中的工作区或厨房中的休息区。

▷ 独立式家具是分隔空间的优质解决方案：在万向轮上安装
一个开放式的鸽笼孔，兼具储物和展示的功能。

▷ 折叠式屏风不同于日式屏风或老式医院屏风。日式屏风由木
质、米纸网格及织物覆盖的六角手风琴组成；老式医院屏风
由脚手架式杆子制成，并覆盖有平纹细布或其他轻质面料。

▷ 开放式壁凹可以设计成不显眼的淋浴房、小型更衣室或是
紧凑型的工作区。

▷ 屏风可用于两用功能空间：一侧是卫生间，另一侧是淋浴
房；一侧展示收纳搁板，另一侧是杂物收纳房；一侧是床，
另一侧是卫生间。

▷ 将大型无花果树或其他大型家庭绿植放置在醒目的容器
中，为客厅的不同区域奠定基调。

"我的客户高度重视空间的多功能性，如家庭活动室、餐厅、客厅、电视区、日光室、早餐室以及舒适美观的组合沙发。"

设计师：贝齐·伯纳姆
（Betsy Burnham）

游戏日
丹麦这套实用的现代住宅选用半高墙壁，将空间分隔为独立的儿童游乐区，可从成人工作区和用餐区轻松抵达。

新旧交错
安娜－马林 · 林德格伦（Anna-Malin）在家中使用诸如喷漆橱柜的古董家具和诸如埃姆斯（Eames）餐椅等现代经典家具，隐匿现代居室之实。

"我长大的地方，山脉绵延，降雪不断，所以我在家里用白色作为基础色，白色灵活多变。"

安娜－马林 · 林德格伦

时尚厨房
厨房风格舒适、轻松，巧妙组合的家具和材料，打造完美简洁的建筑线条，同时还有曲线美的喷漆藤椅和餐桌，非常吸睛。

活用空间

活用空间对于有孩子的家庭来说意义非凡。将大空间划分为不同的活动区域是保持灵活性的一种方式。可以在客厅使用临时屏风，方便日后改造。

安娜－马林·林格伦位于瑞典赫尔辛堡的家格局灵活。搬家前，安娜－马林花费时间设计出每个房间的功能与动线。她和丈夫安德斯选择了地板、厨房和墙壁的色彩、材料。对他们来说，自然光不足是个问题。所以他们决定在门和楼上的天花板上增加窗户，引入更多光线。

从原来位于瑞典北部的家开始，安娜－马林喜欢以超自然的方式将事物联系起来，而不是简单地选择配套的家具或配件。客厅内摆放着驯鹿皮毛。

尽管如此，安娜－马林还是宁愿住在年代更久远的房子里。

—而这间房子只有几年的历史。

—她设法创造出永恒的舒适感。"我学会了与家协同合作而非反其道而行，努力让家反映出我的品味和风格，并且调整空间，适应我们的生活方式，包括两个孩子和亲戚朋友的各种活动。"

小屏幕大魔力　上图

黑色墙面将客厅或餐厅与厨房隔开。墙面中央安装有一台平板电视，低调不张扬，家庭娱乐配件收纳在现代低柜中。

温暖舒适　右页上图

柔软的复古沙发，选用面料丰富和纹理各异的大小垫子，给生活带来舒适轻松。家具摆放在喷漆咖啡桌四周，营造出温馨对话、休闲娱乐的氛围。

现代传统　右页下图

全屋选用古色古香的家具，柔和了简洁的建筑线条。黑色和白色是装饰方案中关键的基础色。

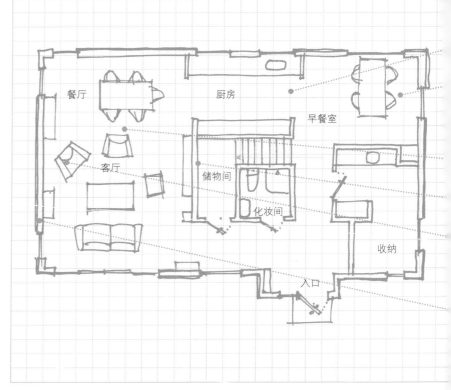

"我喜欢在家中使用材料和颜色打造冷暖对比的格调。客厅里的驯鹿皮毛活跃了白色空间氛围。"

安娜 -马林 · 林德格伦

- 更换厨房的地板，奠定没有墙壁的房间基调。

- 白天，厨房的餐桌可兼做工艺区或工作区。餐桌可以伸缩，根据需求自由移动。

- 客餐厅结构灵活。孩子长大后，这里可以改造成客厅、工作区或客厅、娱乐区。

- 将客厅与厨房或餐厅和楼梯间隔开的墙壁涂黑之后，几乎看不出平板电视的存在。

- 在现代空间中，舒适的椅子和沙发营造出时代魅力。家具上柔和的深浅紫红色活跃了白色空间。

- 独立式收纳和展示柜灵活性高，可根据需要自由移动。

地板和墙面

仔细考虑这些重要部分，为心仪的空间确定风格基调。

墙面和地板远非一无是处，绝对可以创造空间。合理利用非常重要，无论选择铺设木地板和小地毯，还是大地毯、喷漆墙面或墙纸，往往会影响到最适合的装饰风格。

> "我喜欢使用黑板漆——完美黑色，非纯黑，并且有不错的亚光效果。我已用在墙壁、家具、灯座和花瓶上了。"
>
> 博客博主：贝琳达·格雷厄姆
> （Belinda Graham）

利用墙面，装饰完美的家 充分利用墙面，装饰完美居室。从哑光或光泽的油漆饰面，到色彩艳丽的花卉、几何图案墙纸甚至织物，可以将选择的饰面应用于一面墙壁或用喜欢的墙纸、彩漆装饰整个房间。给镶嵌墙壁或榫槽接合的护墙板精心挑选色彩，根据喜好，可以选择柔和或艳丽的色彩。

经典灰　左上图
灰色墙壁宛如黑白色的装饰品。它功能多样、时尚美观，可以用少量色彩来修饰整体效果。

黑板墙　右上图
可以在厨房或儿童游戏室中的墙壁和门上粉刷黑板涂料，给绘画、涂鸦和清单列表打造永久空间。

如果家里人口多，不管是城市阁楼还是传统的乡村小屋，木地板都是优质的选择。去皮地板非常适合用于较旧的房屋中，而漂白或喷漆光滑的地板则更适用于现代或复古的工业空间，看起来时尚迷人，同时也易于维护和清洁。

柔软狭长形地毯和木地板相得益彰，还可以为中性装饰的房间增添色彩和图案。矩形、方形或圆形地毯整铺在客厅中或客厅的特定区域；狭长形地毯适用于走道和卫生间。如果不喜欢在卧室或儿童房铺设硬木地板，那么地毯是一个经济实惠的选择。

"大胆将墙面、桌子和地板粉刷一新。别担心，这就像理发，没有一成不变的发型。"

作家：卡罗琳·麦卡锡

地板、墙面的选择

▶ 新旧建筑里，墙面"裸"装或给墙面刷漆都是可行的。尤其是围绕着壁炉的做旧红砖，令人倍感温暖；而白砖则是现代风格的解决方案。

▶ 木材功能广泛、耐磨性强，大量用于走道和客厅。

▶ 铺设小地毯装饰空间，营造舒适宜人的氛围。冬夏季节准备一块小地毯替换使用，增强趣味性。

▶ 镶嵌墙面总是让房间显得热情好客。将它们刷成与墙面相似的颜色，统一整体效果，或者刷成对比色，强调视觉效果。

▶ 墙纸样式多种多样，能够改变房间风格。

▶ 喷漆地板均适用于大小户型。

弯曲风向　左图
漂白地板和宽大窗户确保客厅的通风效果。紧贴对角墙面，摆放着大型"鸽笼式"分类书柜，既实用又美观。

"大多数房间都需要小地毯装饰。没有小地毯的房间看起来冷淡无光、毫无生气，而且总觉得缺点什么。小地毯给房间带来奢华感，其色彩、图案和纹理则传递出舒适感，张扬与众不同的个性。"

来自地毯公司的苏桑妮 · 夏普
（Suzanne Sharp）

"我认为白色空间能够吸引人们的注意力，突出众多元素，反之可能会迷失在缤纷的色彩之中。中性色让纹理、阴影和光线成为焦点，而不会有刻意添加之感。

平面设计师、博客博主：安娜 · 多尔夫曼
（Anna Dorfman）

低调的奢华　左下图

家具摆放在房间中心，地面铺设凉爽的混凝土，位于休息区的朴素动物皮地毯与家具、做工精细的枝形吊灯形成鲜明对比，奠定了房间的基调，同时也传递出温暖而精致的感觉。

深色奠定基调　右下图

在凉爽空间中，同时选用浅海白与光滑且富有光泽的深色木地板。它将明确清晰地奠定房间基调，完美突出家具、织物和艺术品。

小地毯

在硬木地板或是混凝土地板上铺设小地毯，起到装饰作用，而且舒适温馨、质感优良。

地板、墙面选择

▶ 选择与空间造型互补的形状，圆形地毯适用于方形客厅；狭长形地毯适用于走廊、平台或其他狭窄空间。

▶ 小地毯可完美替代满铺毯，特别是在客厅和儿童房等需要大面积使用的区域。

▶ 在做出最终决定之前，可以先多看看不同风格的小地毯。通常商店会提供一些样式，可以当场查看，方便做出最终选择。

从传统印度地毯使用的粗棉织物、东方地毯到编织羊毛和动物皮，地毯不再是房间的点睛之笔了。它们通常打造视觉焦点，给人热情待客的感觉，尤其在客厅和走廊中使用时。地毯即能保护硬木地板，又能够增加空间舒适度。在地毯设计方面，图案、纹理与材料同等重要，因此在设计房间焦点的装饰品时，需要综合考虑以上所有因素。

白色或深色木地板上均适合铺设斯堪的纳维亚的编织棉质长地毯，效果都不错。厚实的海草垫和羊皮地毯也适用于木地板，而碎布小地毯和厚实的编织羊毛则总能给人带来舒适感，并且色彩鲜艳，惹人注目。在混凝土地板上铺设动物皮毛地毯则显得温暖些。

完美桃色 下图
阿莱娜 · 帕特里克（Alayne Patrick）在其布鲁克林的公寓中使用亚洲纺织品，打造迷人氛围，还铺有白覆盆子色和浅天蓝相间的粗棉质地毯，凸显空间的美好。

时尚气质

乔纳森·阿德勒（Jonathan Adler）和西蒙·多南（Simon Doonan）的办公室不拘一格，和西蒙的民族风格相互辉映，而海军蓝和石灰色相间的英国国旗地毯彰显出时尚和独特的气息。

"精美图案的地毯总是能唤醒家居活力。"

设计师：露德·克维亚科夫斯基
（Lulu de Kwiatkowski）

"不要吝于使用小地毯。我更喜欢大地毯，因为只有大地毯才能更好地融入客厅，并且能诠释客厅风格。"

室内设计师、博客主：
马克斯韦尔·吉灵厄姆-赖恩
（Maxwell Gillingham-Ryan）

紧凑型空间

紧凑型住宅装修需要有秩序感以及巧妙舒适的装修风格。小空间，不允许杂乱无章，所以只保留生活必需品。充分利用每一寸空间，比如：大橱柜内设计搁板、选用折叠式办公桌，打造额外的收纳空间。

这套位于曼哈顿的紧凑型公寓装修得当，给人带来即刻的舒适感，令人神往不已。公寓内的所有元素都流畅汇聚，令人眼花缭乱，让人大饱眼福，自然也不会去关注面积小这一缺陷了。时尚作家兼室内设计师瑞塔·科尼吉（Rita Konig）赋予了小公寓英式舒适感。

> "首先考虑您的生活方式，然后根据生活方式规划房间和家具布局，最后详细了解想要的设计风格。"
>
> 瑞塔·科尼吉

景观房　左上图
紧凑型住宅需要始终保持整洁，因为所有房间都经常出现在人们的视野中。从客厅看去：这间美丽的卧室舒适又迷人，卧室墙上贴有花卉图案的墙纸，床头板的边缘呈扇形，床上铺有舒适的床上用品。这些共同打造出柔软而有吸引力的聚焦点。

平静的舒适感　右上图
舒缓的灰色墙壁、个性化十足的相片藏品，以及小客厅内的大沙发，共同营造出舒适的氛围，掩盖了整体紧凑的空间。

瑞塔说："家中最好的房间总是舒适安静的，并且对居住在那里的人有强烈的情感。房间应该荟萃众多精品，很难在瞬间创造出来。我在纽约搬了好几次家，当我搬到这里时，我决定别出心裁，重新布置一些重要家具。"这是改变房间的好方法，而且还不需要太多花销。

瑞塔解释说，"我的照片对我来说至关重要，很多照片都是从伦敦漂洋过海带来的。最好的室内设计师可以装饰家居，但如果墙上不挂照片，总有缺憾，这一点非常关键。

"我最爱的色彩之一是来自伦敦油漆店的浅灰色。它总是显得明亮、干净，能够完美衬托出其他色彩。我经常将它混入粉红色和绿色，创造出舒缓、温暖的配色方案。我喜欢囤积这些材料，因为它们是装饰的一部分，这就是为什么我喜欢饮料托盘、书架、亚麻衣柜和食品贮藏室的原因。它们已经成为我公寓的一部分。我还将衣柜改装成了迷你办公室。"

走道式厨房 左图
瑞塔·科尼吉家的厨房整齐有序，嵌入走廊中。厨房内的壁挂式书架上摆放着烹饪书籍，还设有实用的船上厨房风格备餐区。

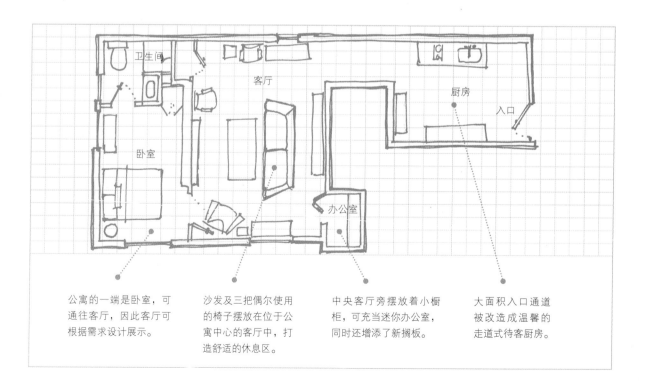

公寓的一端是卧室，可通往客厅，因此客厅可根据需求设计展示。

沙发及三把偶尔使用的椅子摆放在位于公寓中心的客厅中，打造舒适的休息区。

中央客厅旁摆放着小橱柜，可充当迷你办公室，同时还增添了新搁板。

大面积入口通道被改造成温馨的走道式待客厨房。

"设计照片墙，打造居室最大亮点。"

瑞塔 · 科尼吉

完美无瑕
色彩缤纷的舒适座椅、饮料桌和墙上有趣的艺术品，共同烘托出完美的氛围。色彩鲜亮的天鹅绒内饰和对面的浅色墙面形成鲜明对比。

增加居住面积
巧妙利用小户型空间，创造更多可能性

胶囊卧室　上图

林赛・卡莱奥（Lyndsay Caleo）和菲茨休・卡罗尔（Fitzhugh Karol）的单间公寓位于布鲁克林。公寓内的胶囊睡眠区隐藏在厨房上方。使用时，拉上帘子，爬上复古楼梯即可到达。

紧凑型住宅需要巧思妙想，同时保持空间的整洁有序。有很多办法可以既增加居住面积，又不占用原楼层的宝贵区域。比如：可以时不时地将额外的起居空间、工作区或者睡眠区改造在狭小区域内，如橱柜、上层的封闭式胶囊空间或者在挑高空间内设计夹层。复式房间可在起居空间中创造不同区域。起居空间上的夹层可打造成图书馆或阅览室；厨房上方、一楼平台旁或现有卧室内可设计成额外睡眠区。大面积起居空间设计成造型奇特、高度各异的区域，从一个地方去另一个地方需要使用很多不同类型的梯子，经过低矮的固定台阶或临时楼梯。梯子是多功能的，可用于复式阁楼和公寓，但必须要

重点考虑安全因素。婴幼儿甚至青少年经常被梯子吸引，爬上楼去，无法抗拒的探索乐趣。如果不想无休止地担心他们的安危，那么选用小型质朴的钢制或木质楼梯会是更好的选择。

"绘制平面图，尝试摆放家具。可以在墙壁壁凹内摆放搁板。别忘了，还可以选用壁挂式橱柜，节省地面空间。"

主编：德博拉・彼比
（Deborah Bibby）

创造空间

▶ 以 3D 视角考量住宅，评估在哪里以及如何增加居住面积。挑高走廊可以增加夹层，设计成睡眠胶囊或者共享卧室，打造创意空间。

▶ 平台适合打造成迷你家庭办公室，或是通宵玩乐的年轻人使用的沙发床。

▶ 可以考虑在挑高卧室内设计上铺，下方为工作区。考虑隔断房间，为不同的活动提供单独空间。

▶ 如果空间狭小，则可以考虑选用透明墙或窗户，其既可划分不同区域，又可保持一定的空间感。

"我们夫妇都希望家中保持整洁有序，因此设计了嵌入式收纳空间，营造出更加宁静祥和的氛围。我们在隐藏式收纳方面投入了大量资金，所以我们不会一次性看到所有物品。"

设计师：杰西 · 兰德尔
（Jessie Randall）

沙发床和护墙板　上图
马克 · 帕拉佐和梅莉莎 · 帕拉佐担任 Pal + Smith 的设计师。他们家的面积大，光线足，其中夹层平台设计成白天休闲区，可在此享受美妙的自然光线、欣赏起居空间的开阔视野。

单间公寓

居住空间需要精准地利用建筑面积。每件家具都各司其职，并且尽可能地多样化。不常用的桌子应该具备收纳功能；床的下方需要配有摆放衣物的隐形收纳盒；地面应保持整洁有序，充分引入自然光线。

这套单间公寓是纽约室内设计师莉斯·鲍尔（Liz Bauer）的家。莉斯完美运用现代改造手法，结合传统元素，从女性的视角出发，将公寓改造成智能且舒适宜人的空间，采用巧妙的设计完美掩饰建筑面积的局限性。一开始，鲍尔安装了人造壁炉，打造起居室的首个焦点，然后选用透明的复古屏幕将卧室与生活区分隔开，同时，在天花板和床边的墙壁上贴上色彩艳丽的墙纸。如此，人们自然会被印有图案的墙面所吸引，而不会留意到位于生活区末端的床。"我将小走廊改造成更衣室。对我来说，这里似乎有点死气沉沉，而且我不太能接受居住在纽约，却还拥有这种死寂的空间！更衣室配套衣柜，旁边就是卫生间，所以看起来这里用来梳妆打扮非常合适。"鲍尔说。

> "利用好现有的物品，并将其融入到家中。色彩至关重要，并且我的生活不能没有图案。"
>
> 莉斯·鲍尔

小巧智能型　下图
设计师莉斯·鲍尔在不影响家居风格及空间感的前提下，巧妙地将位于纽约的紧凑型公寓改造成多个房间。莉斯将其打造成传统家居，麻雀虽小，五脏俱全，包含门厅、餐厅、客厅、更衣室、卧室、厨房和卫生间，满足单间公寓生活的全部需求。

传统风格客厅

鲍尔在 Designers Guild 公司和 Manuel Canovas 公司挑选妙趣横生的艺术品、五颜六色的纺织品、室内装饰品以及沿一面墙摆放的光线明亮的台灯，然后再挑选一张透明的移动咖啡饮品桌，在努力掩饰有限空间的同时赋予其生命。

"我在建筑风格非常传统的家中长大，我非常关注建筑细节。虽然这里是单间公寓，但是我能马上知道如何将其改造成不同区域，最大程度营造出传统居室风格。"

莉斯·鲍尔

收纳及展示　右上图

莉斯将空间利用到极致，注重实用性："虽然我已经有条不紊地打造实用型公寓，但因其空间有限，仍然无法展示全部物品。我确信，在某个地方的另一处家中，白色橱柜可以再一次展示陶瓷和水晶。目前，它的实用价值是收纳。"

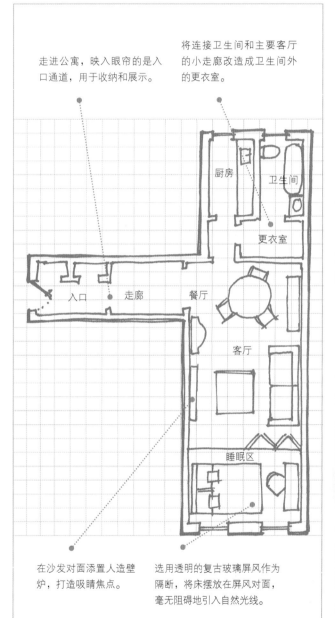

走进公寓，映入眼帘的是入口通道，用于收纳和展示。

将连接卫生间和主要客厅的小走廊改造成卫生间外的更衣室。

在沙发对面添置人造壁炉，打造吸睛焦点。

选用透明的复古玻璃屏风作为隔断，将床摆放在屏风对面，毫无阻碍地引入自然光线。

选用墙纸　右下图

在生活区尽头的墙壁和天花板上贴上墙纸，打造迷你睡眠天堂。鲍尔选用暖色调蓝白相间的墙纸，墙上挂有艺术品，其前方摆放着玫瑰粉灯罩。

玩转色彩

色彩是设计师最强有力的工具之一。使用色彩相对经济、趣味性强，但也容易出错，所以不妨尝试一下。

"可以选用壁纸或给书架内部喷漆。如果还有预算，还可以为天花板或高光墙喷漆。"

设计师：塞莱丽 · 肯布尔
（Celerie Kemble）

现代展示　上图
展示架上摆放瓷器或其他装饰品，在其上方空间涂上鲜艳的色彩，使之成为视觉焦点，同时还为展示品充当背景。

色彩之魅力

▶ 客厅或卧室的一面墙刷上大胆鲜艳的颜色，即刻冲击眼球。选择最能引人注目的一面墙壁。

▶ 如果想要提升大房间的隔断感，可以考虑将对面墙壁刷成相同的色彩。

▶ 可以在一面墙上贴图案生动的墙纸，为没有其他自然焦点的房间增添色彩。

▶ 在以中性色调为主的房间中，增添鲜艳的对比色，突出座椅面料、靠垫或艺术品。

▶ 在房间中引入大胆的色彩是创造色调或风格的最佳装饰元素。可以选用温暖蓝、热情粉或阳光黄。在小房间内打造出舒适空间，使人忽略其原本的面积。

▶ 红色会给人带来温暖及包容感，白色则起无限扩大空间及点亮空间的功能。选择比自己喜爱的油漆色彩浅1~2个色度。

▶ 避开亮白色油漆。亮白色油漆含蓝色阴影，会使朝北的房间变得暗灰无光。选择标准白色油漆，因其内含一点粉红色颜料，可打造"白度"最大的精装墙面。

色彩变幻的瓷砖　右页左上图

简易壁炉的上方铺设着天蓝色马赛克小瓷砖。在阳光的照射下，瓷砖散发出珍珠般的微光。瓷砖给厨房、客厅和卧室内的壁炉、卫生间增色不少。

轻柔淡雅原色调　右页左下图

全白厨房内可挑选柔和色彩，如蓝色、红色和绿色，显得清新而迷人。尝试选用喜爱的浅色调或深色调，创建色彩丰富的调色板。

黑巧克力色　本页图

一种配色多种色调，创造精致配色方案。卧室床上用品选用柔软光滑的短毛绒面料，配色选用褐色斑点及柔和的浅褐色，呈现出迷人的画面。

色彩带　右页右上图

在墙壁中间涂上艳丽色彩，从而削弱其影响，而这恰恰为从一间房间走到另一间房间的人们带去一场视觉盛宴。粉刷油漆或贴上墙纸，创造不同色彩，并且增添互补配色。

覆盆子色　右页右下图

克里斯汀·多纳诺(Christine d'Ornano)的伦敦住宅墙面选用淡粉色亚麻材质，其色彩虽显暗淡，但却给人带来浓浓暖意。色彩的使用方式不同，其属性也随之变化。亮光灰比白色更显冷意；而蓝色则亮光、亚光皆可。

柑橘色基调
环绕挂画喷漆或摆放垫子、小地毯，使得色彩鲜明、突出。
在客厅或卧室摆放鲜花也是改变色彩趋势的好方法。

"色彩创造生命和能量。色彩能够振奋人心，让我们的嘴角上扬。家是可以让人面带微笑，感到快乐的地方。而让嘴角上扬的最佳办法就是让美丽的色彩进驻家中。"

设计师：香农 · 弗里克
（Shannon Fricke）

Chapter 02

设置居室装饰风格
SETTING YOUR STYLE

"即使我们按照同一份操作指南逐步设计家居，我们依旧保有自己的风格和个性。"

洛塔·詹斯多特
（Lotta Jansdotter）

设计经典
确定风格就是挑选特定的家具，让其主导房间内其他位置的风格。这款 Ercol 品牌沙发即奠定了 20 世纪中期的美学风格基础。

"我喜爱能体现出主人游历甚广，风格别致的家。家中的家具和物品层叠摆放，诉说着谁在这里居住、他们去过哪儿以及他们的喜好。如果家给人的感觉只是请过设计师而已，那就实在糟糕透顶了。"

设计师：埃迪 · 罗斯
（Eddie Ross）

优雅起居
个人风格通常与个人喜好息息相关：绘画藏品、最喜爱的家具风格、鼓舞人心的色彩或是有特殊意义的物品。遵从直觉通常不会出错。

感知装饰风格

离开原来的家，搬入自己的首套房，就会认识到一条质朴的真理，即这里是可以真实表达自我的地方，是可以放飞想象力的地方。挖掘对居室风格的鉴赏力以及找到垂青于特定事物的原因，是装修过程中最令人开心并且情绪最放松的事情。一旦领会到家是可以试验新想法的地方，家就会变得智能起来，探索新事物并且了解真正与自己息息相关的事物及其原因。如此也就可以更智能、更快速地购买性价比高的物品，并且真正地爱上自己的家。当家能够真实地表达出家人的喜好这一最终目标，那么也会更加热爱居室生活。整理床铺时，如果学会折叠图案，那么铺床也会变得更有趣。漫长的一天到了尾声，走进家门，家满含热情地带来丝丝暖意。

可曾想过为什么总是被色彩鲜艳的家具或者现代简约风的陶瓷所吸引？为什么路过跳蚤市场都会停下来看一看？为什么会浏览以女性视角或是经典家具为主题的设计博客、杂志？现在需要拿出小笔记本，开始记录自己感兴趣的事物及其原因。

厨房快速翻新　下图
装修需要有全局观念，而无需只专注在完整设计一个房间上。该案例中，这间翻新厨房正在打造成现代化厨房。色彩鲜艳的织物、餐具、陶瓷水壶、鲜花以及花卉墙纸决定了这是一次快速翻新。

"可以阅读杂志、书籍，浏览网页，逛艺术展览馆、博物馆、商店，让视觉沉浸其中。如果没见过别具匠心的风格，那么一定不会知道自己喜欢的居室风格。"

设计师：阿特兰塔·巴特利特
（Atlanta Bartlett）

幸福是什么？
这间创意工艺工作室的主人是加利福尼亚设计师、摄影师莱斯利·谢林（Leslie Shewring）。她将工作室墙面刷白，室内放满了颜色鲜艳的物品。这样的房间设计激发她的创造力，并且给她带来简简单单的快乐。

在收集、分析灵感之前，我们首先粉碎常见的错误观念。有人认为选择太多、视觉超载不利于获得灵感，鼓励休息或者关上电脑。这种做法尽管有时是对的，但是探索的确是摸透喜恶偏好的关键。很幸运，现在居室装饰品选择广泛、风格时尚，其购买乐趣和购买衣服的乐趣不分上下。居室装饰品发展良好，比过去的几代人有更多选择。其购买渠道多样，包括零售店、精品店、网店、特卖店、快闪商店、目录购物、家庭电视购物等。如果有时因选择太多而难以抉择、无法确定居室装饰风格，那就只记录潜意识里的喜好即可。可以尝试浏览杂志，挑选出喜爱的图片，并将其分门别类："卧室""客厅""厨房"，等等；然后汇编整理图片资料，

开启装修之旅。很快就会建立自己的喜好，由此可以确定居室装饰风格；最后量身定制，享受务实、真诚的生活风格，满足情感、生理和心理需求。

仔细查看剪报，做好注释，有助于确定真正喜爱的物品。也许，只是喜爱其中一点，如座椅或者壁炉台及其设计风格。查找喜欢的物品的真正原因，有助于确定居室主题。不管是海边的租赁房或是杂乱无序的住宅，只需了解其喜好及原因，以及如何设计能够迎合个人喜好，任何人都可以成为室内设计师，将家打造成可以彰显自信的地方。

甜美女性风   下图
打造客卧兼手艺工作坊，松散布局是个不错的着手点。保留现有家具，只新增一把椅子。全屋焦点聚集在新增饰品上，营造出舒适宜人、魅力无限的氛围。一切尽在细节中：丝质靠垫、棉质床品、柔和色彩以及纯手工、富含质感的物品。

走进一个地方，捕捉心动瞬间。那一瞬间，感受到激情澎湃、身心放松。这种地方可能是家，也可能是其他地方，因为振奋人心的居室装饰就在自己身边，从商店到酒店大堂，从咖啡馆到博物馆。回想一下最爱的电影，思考为什么喜爱电影效果以及为什么喜爱观影后电影带来的感觉。随时随地记录下这些发现，就会开始识别潜意识里的固有观念，这有助于确定自己真正喜爱的装饰风格。

"打造能够反映本质的空间，必须要做相应的研究。可以购买或借阅杂志，并且把对自己有用的部分剪贴下来；无须多想，感受即可，让这种风格成为可供选择的风格之一。"

作家：卡罗琳 · 麦卡锡

"现在寻找灵感要容易得多，因为设计博客上的资源相当丰富。如果找到一位品位与自己类似的博主，那么他们将会提供无限的资源和全新的想法。"

博客博主：尼科尔 · 鲍尔奇
（Nicole Balch）

丹麦浪漫主义居室风格　下图
旅游——启迪心智、润物无声。多种元素汇集于一体，最终确定客厅的居室装饰风格，这一切归功于在哥本哈根度过的一次周末。带有金属光泽、柔和线条的枕头、古老的家庭照片、富有质感的大毛毯、收纳筐、白色沙发套，以及平面图将帮助打造舒适丹麦风格的幽静住所。

情绪板的工作原理

许多设计师选择使用情绪板（灵感板或概念板）表达居室装饰项目的整体感觉，用直观的形式呈现出他们对客户要求的解读。设计师认真收集相关元素，详尽而清晰地表达自己的理念，同时接受目标反馈。情绪板不仅可以协助专业人士，还可以帮助业主以及参与装修项目的业余人士。情绪板加快项目进程，避免增加预算以外无目的购物。情绪板可以激发创造力、刺激想象力、整合想法、确定配色方案。

"请关注电影：《走出非洲》和《绝代艳后》这两部电影是我灵感的重要源泉。"

设计师：雷切尔·阿什韦尔（Rachel Ashwell）

利用杂志、织物样本、彩绘布样、明信片、旅游纪念品等创造属于自己的风格。通常将情绪板挂在墙上效果最佳，因为不仅可以参考，还可以随时剪辑。在资料中选择有用的部分，粘贴到情绪板上。需要将整体风格和想传递的情绪一一匹配。在情绪板上做好笔记，激发设计灵感，比如"平静""好客""自然"。绘制平面草图，展示出最爱的家具和饰品。甚至可以粘贴随手拾来的物品或是珍贵的家庭老照片。

想法以两种形式呈现出来：有灵感的和刻板的。直接购买床品清单里的鸭绒垫子就是刻板的想法；而将时尚杂志里的蛋糕裙改成有褶裥饰边的鸭绒垫子就是有灵感的表现。

制作、剪辑情绪板是个大工程，所以需要有足够的时间和耐心。另外，设定期限不会让人失去初心，避免徘徊不前、过度剪辑。请记住，设计情绪板和打造房间主题是两件完全不同的事情。为了探究想法是如何在空间中生效的，可以将情绪板里的元素融入到房间中。比如：粘贴家具的织物褶裥饰边、墙纸样品、喷漆海报板，并且将其固定到墙上观察效果。将它们保留在房间几天，研究光线照射下色彩和织物的变化情况。这样的做法可以提供宝贵的经验，帮助决定是否按照原计划进行。

做自己的客户

▶ 装饰项目开启前，设计师会询问客户几个问题。考虑之后开始制作情绪板。

▶ 我的预算是多少？我需要雇人帮忙吗？期限是多久？其他人需要参与决策吗？

▶ 我将如何利用空间？这里会是餐厅、睡眠区或是工作区吗？孩子或宠物会经常使用这间房间吗？

▶ 我想要什么样的感觉？我想讲述什么故事？哪种装饰风格最合我意？

▶ 我会改变墙面色彩或者铺设地板吗？什么色彩对我意义非凡？我会首先检查自然光线下的配色吗？

▶ 我需要考虑什么建筑结构？我需要隐藏不美观的景色吗？开始装饰之前，哪些需要改变？我需要着重强调房间里现有的什么东西吗？什么会是焦点？

▶ 我需要展示什么物品，如何展示？我需要收纳空间吗？我需要收纳什么呢？我可以把其他房间或者收纳中的东西整合到一起吗？

▶ 我现在需要立刻购买什么？什么又是可以根据预算情况稍后购买的呢？我需要保留现在房间里的什么东西呢？我可以改造哪些东西呢？

▶ 请记住，真实对待内心的想法，制作情绪板，设定期限，然后付诸行动。

收集想法　左上图
确定配色方案时，请将灵感来源——展示，从彩绘布料到织物，讲述自己身上发生的故事的任何小细节。

整合统一　右上图
呈现出来后，将不同的元素贴到情绪板上，探究其效果如何。

"当自己创造拼贴画时，就可以成为名副其实的生活设计师。创造富有想象力的空间时，可能吹毛求疵、富含创造力。这些物品能够反映自己的本质——从热爱的事物中追寻到真谛。这有助于将品位体现在明智、美丽的装饰效果上。"

作家：卡罗琳 · 麦卡锡

立刻尝试　左下图
落实行动。这块情绪板是为家庭办公区设计的，办公区位于后院的池边小屋内。情绪板就开启工作，探究色彩和织物在该空间的效果。

简约装饰风格

简约风居室装饰崇尚内敛而非怪癖，追求平静而非嘈杂，偏好平实色调而非浓妆墨彩。简约风居室装饰房间通常是白色，摆放着柔和低调的木质家具。这几件重要的家具给人带来视觉享受。多种织物层叠摆放，结合不同材料，比如金属、木材、亚麻，同时还为中性风空间带来生机。藏品展示和少许绿意为小户型增光添彩，实为画龙点睛之笔。

家居品牌 *Tine K Home* 的店主兼设计师蒂恩·凯尔德森(Tine Kjeldsen) 将其位于丹麦欧登塞附近菲英岛上的家打造得智能且不失放松感，室内粉刷成淡白色，与家具和装饰品的织物纹路相得益彰。淡灰色画框、沙发、椅子、垫子上的白色和灰色的层叠都采用中性配色。

屋内的木质部分均为白色，包括白色的壁画外框和落地灯，但也不全是白色。改造前，Tine 全屋铺设全新的松木地板。起初，地板是深巧克力棕色。"尽管这颜色看起来很时髦，但是我们很快发现它们吸收了太多北面的光线，而且很难保持全新的状态。然后，我打算刷成淡水灰色，与后门室外的自然风光水乳交融。这让我们想起凉亭的地板，尽管地板已经用了一年半，磨损得厉害，但是我们还是鼓励人们在室内赤脚，便于减少刮痕和常见的磨损、裂缝。"

"我的设计理念是融合多种风格和时期特色，但是不能用力过猛，不然反而会不协调。我热爱远东风格，混合斯堪的纳维亚的材料、色彩和形状。"

蒂恩·凯尔德森

和谐的白色

全白主题提升狭小客厅的空间感，平滑有光泽的地板和浅色的表面折射出自然光线。有纹理的织物、天窗和烛光带来舒适感。

蒂恩说："我一直在改造家具。我喜欢将我店里的家具和欧登塞附近以及其他地方的古董店和废品旧货铺子里独一无二的物品混搭。"客厅里的咖啡桌是从越南带回来的；餐厅里的中式橱柜购自丹麦精品古董店 Suzanne Varming。

墙面、地板和屋内的木工部分均刷白，然后刷上 Tine 最爱的柔和中性色，营造出和谐的氛围、悠闲的时尚感。轻微破损的木桌紧系主题，给周围洁净的白色空间增添了温暖和光泽。

自然藏品　左图
购自越南的橱柜完美展示了复古书籍和篮筐；平滑光洁的白色木地板相比于纯白色的墙面和小型常青树来说更显精致。

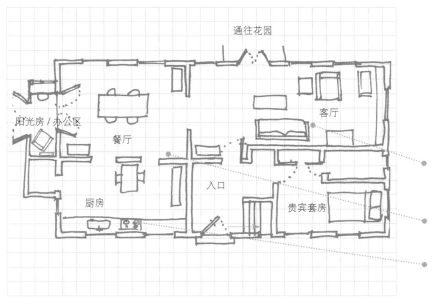

远东家具和浅白色家居装饰品相得益彰，打造出简洁的完美效果。

全屋白色地板提升空间感。

厨房布局简单，给展示品和小型工作桌预留空间。

"我喜爱的颜色是浅灰色、蓝色和大片白色，我喜欢它们呈现出的各种造型。"

"春夏之际能够每天打开露台的门，完美极了。我的三个孩子都很热爱大自然，我们家的大花园实属珍品。"

"很长一段时间，我都在收集橱柜和小桌子。大部分来自我旅行时在欧登塞遇到的小古董店。"

蒂恩·凯尔德森

自然藏品　上图
购自越南的橱柜完美展示了复古书籍和篮筐；平滑光洁的白色木地板相比于纯白色的墙面和小型常青树来说更显精致。

安静的角落　上图
阳光房内还有一处安静的角落，摆放着一把舒适座椅，适合放松，欣赏风景。

创意角　上图
临时用的搁板桌正好放进这间小阳光房，可以在这里画画、工作、或只是欣赏风景，愉快至极。

简约风装饰指南
简化及美化

> "保持简约感：越是小空间，越需要采用统一的色彩主题，不要采用太多的图案，否则会令人抓狂。"
>
> 设计师：汤姆 · 德拉文（Tom Delavan）

简朴原则
保持简约感是最大化空间感的一种方式。减少装饰品、墙面装饰、繁杂的色彩或图案不仅减少了嘈杂感还增强了空间感。

朴素色彩
首先，配色方案仅包含2-3种基本色，然后将其混合搭配在墙面、地板、家具及饰品上。

自然的中性色
自然材料通常很适合简单空间。居室中的竹子、木头、皮革、棉花和亚麻一般以白色和米白色作为色彩暗示。

视觉兴趣性
使用材料、织物和细节展现色彩；堆叠织物，营造出元素不多，但视觉趣味性高的特点。

寻找灵感
环顾位于南安普顿的海景房或者位于斯堪的纳维亚的湖滨小屋，找出简单但有力度的想法。

材料效果　左上图
灯罩和房间内的其他物品相得益彰。蒂恩 · 凯尔德森丹麦的家中摆放着有褶裥饰边的丝质灯罩，它们和破旧竹餐椅完美呼应。

白色瓷器　右上图
"白上白"瓷器展示总会让人身心愉悦，给空间带去平静之感。可以选用陶瓷、硬纸板书籍、框架相片或鲜花来做陈设展示。

"简单地使用美丽的材料给人带来舒适感——棉花和亚麻带来清爽凉意；羊毛则带来浓浓暖意和舒适感。对于家具和装饰品来说，简化装饰方式反而会有现代或者经典感。"

设计师：罗杰 · 奥茨
（Roger Oates）

细节为王
给房间其他地方的色彩或物品增添细节。简单条纹的垫子带有两个深色大木按钮，和房间其他地方的深色地板或桌椅完美呼应。

功能及风格
简单空间，强调功能。请不要使用过于复杂的窗户装饰品或者带曲折装饰的沙发腿。同样，避免过多使用有图案的墙纸或织物。

光线
简单的光线可能带来奇迹，为空间带来暖意而不失魅力。光线来自沙发旁的落地灯，以及餐桌上方位置恰当的带玻璃垂挂的顶灯。

家具
混搭风设计完美、结构时尚简约，如凉快的亚麻布、素色墙纸或若隐若现的条纹织物。还可以摆放有趣坐垫，装扮座区，为空间带来生机。

简易收纳
在简约风居室中，充足的收纳空间尤为重要。不要展示过多藏品，确保杂乱的物品放在不显眼的嵌入式壁橱内。

时尚卫生间　左上图
白色橱柜和深棕色木料完美搭配，靠墙而立。墙面是最浅的灰色，石砖地板也是浅色调。实验表明，选用浅中性材料能够产生最佳的阴影效果。

名师设计的细节　右上图
我们喜爱款式简单的定制皮把手，给朴素简单的卫生间橱柜门增色不少。还可以选择锌制把手或者陶瓷球把手。

为什么白色效果好

很多专业装潢师最爱白色。白色看起来总是干净、明亮、平静，可以随意搭配其他色彩和材质，还可以在不同面积的空间中使用。

> "我在墙上试验过很多色彩，最后还是回归白墙。我喜欢艺术品呈现在更明亮的白墙上的感觉。"

摄影师、设计师：
莱斯利·谢林
（Leslie Shewring）

1. 纽约的这间 loft 公寓墙面和地板均为白色，引入大量自然光线。公寓的黑色木工部分和大花盆的金属底架遥相呼应。两盆花中间摆放着一把珀斯佩有机玻璃材质椅子。透明家具在白色空间中相得益彰，提升光线效果，任其肆意飞舞。

2. 厨房和卫生间选用白色瓷砖总是不错的选择。较暗的空间中使用光面瓷砖便于反射光线，而且看起来很智能，有吸引力，和卫生间的钢制配套设施特别匹配。

3. 卧室采用全白设计。在忙碌的一天之后，在视觉、心理上均能得到放松，可以享受简单的快乐，彻底放松身心。

4. 经典的黑白色调总是令人满意，绝不会显得呆板。画框的黑色线条清清爽爽，挂在白墙之上，搭配暗色家具，令人感到舒适安心。

5. 改造壁橱，将其内外均粉刷成白色，打造成美丽的展示柜。可在其后面增添搁板或者壁板，使其更加美观。

自然装饰风格

自然风可能是中性风，但肯定不代表枯燥乏味。现代经典混搭风模仿自然风，选用回收利用的材料，并且偏好白色。

金饰设计师林赛 · 卡莱奥（Lyndsay Caleo）和雕刻设计师菲茨休 · 卡罗尔（Fitzhugh Karol）位于布鲁克林家的外墙为褐沙石。夫妇二人表示"我们家中的每一样物品的背后都有一个故事。尽管我们可以接触到很多大型木材，但是搬进来时，家里只有一个林赛几年前制作的木书架。有一年冬天，冰暴来袭。有位我们认识的景观设计师拥有太多的木材，但却不知道如何处理。从设计院毕业后的那个夏天，我们都在制作家具，然后在网上找拍卖的地方。我们的厨房水槽就是竞拍得来的。"菲茨休解释说。

林赛说："我们家的主色调是白色。因为白色是最美丽，最能振奋人心的色彩。每天醒来，仿佛都是全新的一天。"这座房子建于19世纪后期。夫妻二人第一次见到它时，地板腐朽不堪。20世纪70年代后期房屋修复时，还遭遇过火灾，破败不堪，可怕极了。尽管如此，他们还是看中了这座房子，开始着手修复房间。

"毫无疑问，我建议把地板刷白。这样只会看到一点点磨损和裂痕。"林赛建议道。"房屋的光线充足，非常完美。我们推荐从海洋用品店购买耐磨的无油露台地板漆。"

林赛 · 卡莱奥和菲茨休 · 卡罗尔说："我们的家就是有生命力的素描本，记满了我们的设计试验和想法，保留着曾经展示过的书籍、艺术品、家具和其他给我们灵感、激励我们的物品。"

回收再利用的搁板　左下图
林赛将冰暴毁坏的木材制作成装饰有金属支架的搁板。搁板虽简陋但还过得去。丰富质感在自然风装饰中尤显重要。

自然风居室装饰风格　右下图
为了打造完美的自然风，请混合高低材质、融合全新现代风制品和手工制品、寻找完美物品和配件设施。

这对夫妻从厨房水槽开始设计居室。卫生间的谷仓门也是早期添置的。林赛说："房间和藏品在不断变化，而在这个过程中，它们也愈发自然。我们喜欢充分利用空间，让它们物有所值。"

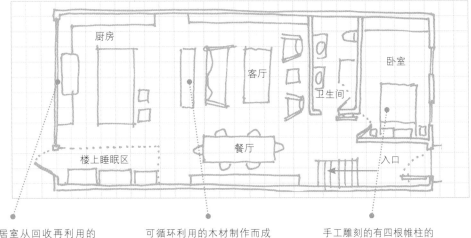

装饰居室从回收再利用的水槽开始。

可循环利用的木材制作而成的桌子和改造过的家具共同打造成历久弥新的客厅。

手工雕刻的有四根帷柱的床由改造过的木材打造而成，成为卧室的焦点。

木材和白色　左下图
屋顶横梁已有 100 年的历史，质感丰厚，和中性色调形成鲜明对比。

有四根帷柱的床　中下图
菲茨休手工雕木，打造出一张有四根帷柱的床。

暖木　右下图
回收再利用的谷仓门通往卫生间，反映出全屋的风格，即平静但不失温暖简朴，并且充分利用环保材料。

"家的最好房间总是在不断变化的。将它们打乱重组，只把喜爱的部分留在家中即可。"

林赛·卡莱奥

自然风装饰指南　再利用、修复、再连接

"再利用、修复、循环利用！请不要到处乱扔垃圾，摒弃一次性使用的思维模式。从祖父的书里翻出一片树叶。从被抛弃的、破损的、不再喜爱的物品中寻找创造力。"

设计师：阿特兰塔 · 巴特利特
（Atlanta Bartlett）

1 保护自然 人人有责

家中引入自然物品，种类繁多，如可循环利用的家具，挑选环保的卫生间配套设施以及其他环保材料。

2 木材

自然风灵感的基石是木材，而木材总是能打造出惊艳的地板、家具和独特物品，如树干桌或浮木雕塑。白色墙面和白色地板完美匹配，而木材则温暖了房间。

3 灵感

凳子和工作台由完整的树干、树枝制作而成。细树枝制成的凳子、椅子以及竹子制成的竹餐椅、床框架都是自然风居室装饰物品。

4 自然风配色

自然风配色不局限于棕色或白色。它可以是森林背景的苔藓绿，也可以是柔软中性白或纯白色、海洋蓝、灰色及怀特布拉夫白。

5 纹理和层叠

纹理在自然配色中尤为重要，不论是厚重带铜绿的木材还是温暖的羊毛亚麻；不论是简约埃及棉、印花棉布，还是稀松窗帘用布。

再利用搁板　左下图
再利用木材非常适合制作小搁板，可以放置在厨房、客厅或卧室。如果增添金属或木质架子支撑展品，则锦上添花。

保护自然环境　右下图
可爱的原色棉花靠垫上面点缀着秋天的绿叶标识，非常适合放置在铺有棕色羊毛毯的白色沙发上。

"我家非常喜爱自然物品。一些人认为我淘到的东西是垃圾，
对我来说它们却是珍宝。这一切和看待它们的态度有关。"

设计师：费尔南达
（Fernanda Bourlot）

6 家具
宽敞的沙发、厚重的树干凳、长条形软座以及流线形的现代化家具均由优雅的白蜡木或白桦树打造而成，与完美融入自然风的空间形成共鸣。

7 回收再利用
留意旧木箱，它可以收纳日用品、儿童玩具、杂志、衣服。旧的玻璃门橱柜也非常适合收纳和展示藏品。

8 保持时尚整洁
威廉·莫里斯选用美丽的钟表与自然完美呼应。他将高级设计与低端手工制品融为一体，营造出令人愉悦的共存感和强烈的视觉趣味。

9 地板
保持墙面、地板简约，不带图案，让纹理掌握发言权。喷漆、涂色或是刮损的木质地板是自然风的经典方案。其他方式包括海草垫子和合成地毯。

10 光线
大部分自然光线来自烛光。所以有必要使用蜡烛，可以是矮胖的教堂大蜡烛或精美的茶蜡，将其摆放在金属或玻璃灯罩的防风灯中。

个人藏品　左下图
林赛·卡莱奥（Lyndsay Caleo）和菲茨休·卡罗尔（Fitzhugh Karol）不仅设计制作了收纳和展示系统，还设计了餐桌。不显眼的橱柜收纳了一些欠缺美观的物品。

自然魅力　右下图
循环利用的门时尚、怀旧，即刻给卫生间增添了暖意。它立在温暖的软木橡树地板上，既环保又经济耐用。

可持续发展的起居装饰

人们现在已经将保护地球的自然资源作为自己的必修课，所以改造再利用的材料几乎是必备品，兼具环保美观。

1. 菲茨休·卡罗尔（Fitzhugh Karol）将因冰暴损毁的木材制成床框、台灯基座和树干桌，放在他的电视房内。如果想搞木雕创意，木材场也乐意出售木材的边角料。

2. 卫生间非常适合改造翻新。有时破旧、剥落的物品看起来反而气质非凡。改建的工业大楼历史悠久，其内部的传统元素与之很相配。

3. 英格丽·詹森（Ingrid Jansen）的可爱凳子是由可循环利用的木材制作的，表面装饰有手工制成的针织羊毛毯，既美观又环保。

4. 整洁的小户型中，丢弃的水果箱可以为家带来暖意，又可以收纳工艺材料，趣味性强。

5. 复古怀旧的收纳和家具增添了家的个性，同时也恰如其分地将有趣的材料融合在一起。

"我认为现在比过去更容易找到环保家具和装饰品。它们可以是竹子、森林管理委员会批准使用的木制品甚至是从跳蚤市场淘到的再利用物品。"

绿色生活专家：丹尼·塞奥
（Danny Seo）

3

4

5

现代装饰风格

现代居室装饰风多营造干净整洁的氛围、柔和不耀眼的色调，内敛但精致、优雅的现代简约风经典家具，如 Ercol 沙发和丹麦现代圆形餐桌。人们普遍喜爱现代简约风家具，并且购买正品或仿品的途径都相对方便。

设计师弗吉尼亚·阿姆斯特朗（Virginia Armstrong）在她的伦敦东南部总部之外，运营 Roddy & Ginger 织物印刷公司。她在那里打造了一个集美丽和功能于一体的家，采用 20 世纪中期现代风装修。"这个家完美无瑕，共五层，还有一层地下室，可以用作单间公寓和工作室。"

纯净简朴 右图
弗吉尼亚·阿姆斯特朗打造纯白空间，视觉趣味性高，融合柔和的绿松石蓝色调和蕨类色调的木材。

"我们把一楼的墙敲掉，把原先的三间小房间改造成一间大厨房和餐厅。"

弗吉尼亚·阿姆斯特朗

"我喜爱椅子。我的有些椅子是复古风格的。我的 Ercol 沙发很别致，外形可爱优雅。"

弗吉尼亚·阿姆斯特朗

完美家具
乱搭的中世纪经典椅子围绕 Saarinen 郁金香桌子一一排开，打造家庭餐桌的时尚座区。灯光、空间和功能全面的厨房均体现出现代风。

边柜

20 世纪 50-60 年代，一些丹麦家具公司如 France & Son 和 Vinde Møbelfabrik 生产这种边柜。边柜材料多选自柚木或红木，坚固耐用，既实用又美观。

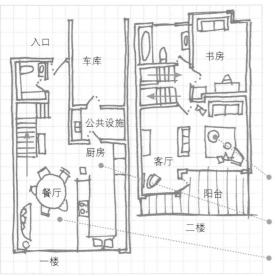

"弗吉尼亚说，我们选择这套住宅是因为房间宽敞明亮，窗户很大，而且价格非常优惠。人们逐渐意识到 20 世纪 60 年代郊区住宅的巨大潜力以及它们对现代风格的适应性。我们已经开始利用多年收集而来的现代风的重要家具，将房屋改造成现代空间。这款经典家具的优点在于其耐用性和实用性，因此一旦将可收藏的设计师家具融入家庭住宅，则显得轻而易举。"

现代简约风的家具需要所处空间拥有较大面积，可以从任何角度欣赏其构造。

厨房风格很简朴，可以使用屏风或工作台，避免影响餐厅的使用。

餐厅内摆放有 Eero Saarinen 郁金香餐桌和 Ercol 沙发，打造出一楼的主要视觉焦点。

现代风装饰指南　涵盖当下所有的时尚

"我喜爱现代经典设计，它们美丽迷人、魅力非凡，不会过时。并且高品质制作确保较长使用寿命。"

店主：克劳迪亚 · 诺沃特尼
（ Claudia Nowotny ）

椅子

一些经典椅子非常昂贵，但是可以按照图案购买仿制品。请留意斯堪的纳维亚主要设计师和他们的别致作品。

家具

单个或成套坚固耐用的边柜、肾脏形偶尔使用的桌子、设计完美的红木和柚木丹麦咖啡桌都是现代风居室装饰的重要元素。

瓷砖

展示现代简约风的一套小茶具或收纳瓶，即刻打造视觉焦点。废旧物品店、慈善机构或二手商店还可以看到它们的身影。

生动的图案

做窗帘或座椅面料的纺织品上都有生动逼真的造型和标识，色彩通常有棕色、灰橘色和森林绿，以上都是广泛认可的现代风标志。

斯堪纳维亚的影响

丹麦现代风展现生活动力，打造时尚的木框结构家具和灯具；木材甚至还是小物品，如碗和蜡烛台的重要制作材料。

寒冷冬至　左下图

收集现代简约风白色瓷器，欣赏各式造型、风格和形态。

保持干净　右下图

现代空间中，请让材料掌握发言权。简朴的木质家具，剥落的地板和楼梯打造中性风，而其色彩则体现出视觉趣味性。

> "现代风的家具质感清新，彰显积极向上的气质。那个时期的设计师放眼未来，而不是追忆过往，探究如何打造与众不同的家具。"

设计师：埃米·巴特勒
（Amy Butler）

光线

重要设计和现代仿制品种类繁多，可以尽情选择，提升空间美感。

地板和小地毯

素色木地板是现代风的必备。选用色彩鲜艳、图案生动的小地毯装扮空间，增加空间的温度和舒适度。通常，现代风选用白色木质材料。

玻璃制品

造型醒目、色彩丰富的玻璃制品通常有烟棕色、蓝色、紫色、绿松石色。可以展示 20 世纪 60 年代的扁平玻璃瓶、圆胖花瓶。

现代居室装饰风格

参观 20 世纪设计的博物馆寻找灵感，欣赏主要设计师的作品。从阿姆斯特丹、伦敦到佛罗里达、哥本哈根，想法迅速传播。

铬和钢合金材质

管钢材料通常用于制作家具腿和灯具。经典的 Arco 灯由不锈钢和锃亮钢瓶制成，和木铬合金设计主题完美匹配。

茶歇　左下图

20 世纪 60 年代大规模生产的瓷器拥有生动的图案、简单的造型，在复古怀旧运动中得以保存，而非消耗殆尽。

怀旧阅读　右下图

拥有特色护封的复古书籍本身就是可爱的物品，不管是用于阅读、展示还是装饰的灵感来源。

现代风经典家具

现代风的家具造型独特，不仅仅是收藏者
的藏品、未来的古董，还激发对经典设计
的全新解释以及主要设计作品的重新生产
出售。

1. 埃米·巴特勒（Amy Butler）的超棒餐厅
设有一张圆桌，令人联想起 Eero Saarinen 的
经典郁金香桌；边柜则收藏了复古玻璃花瓶。

2. 这把 20 世纪 60 年代的经典金属丝制椅看
起来仍然是彻彻底底的现代风格。可以选择
将其放在厨房、客厅或餐厅，丝毫不会有违
和感。

3. Ercol 经典木框沙发绝不会过时，而且几乎
没有磨损，现在看来依旧是经典之作。

4. 正品 Saarinen 郁金香桌和新材质椅子完美
结合，证实了现代风设计可以用于传统房间。

设计师保罗·克那霍尔姆的经典斯堪的纳
维亚现代餐椅优雅、简朴，和现代时尚桌子
完美搭配。

3

4

5

"家需要时间成长，变得个性化。我认为这需要数年的时间才能达成，需要在旅途中、汽车行李箱货物大出售时、废品店中收集有意思的零碎物品。然后自己的特点才逐渐显现出来，家才会体现出个性。"

萨尼娅·佩尔
（Sania Pell）

废品魔力
做旧的男式服装用品商的收纳抽屉和材质新颖的沙发与陶瓷花瓶静物画、复古工业钟完美搭配。

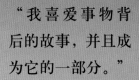

> "我喜爱事物背后的故事，并且成为它的一部分。"
>
> 萨尼娅·佩尔

旧物改造装饰风格

当下跳蚤市场非常时髦，不管是称之为废品风、旧物出售风还是老物品风。人们已经意识到循环再利用不仅仅是美德，而且还是拯救地球的必经之路。现在使用二手的家具和物品已经和最新巴黎时装秀同样流行了。

内行人士可以在二手商店、跳蚤市场而非高端家具展厅找到 20 世纪 30 年代的时钟或 20 世纪 70 年代的茶具、20 世纪 60 年代的木框沙发或备受喜爱但轻微受损的绘画，增添家的特质和个性。

设计师兼作家萨尼娅·佩尔（Sania Pell）专注手工制品，她在伦敦家中花费很长时间收集展示有趣实用的物品。

阁楼改造
舒适扶手椅换上了亚麻布料的椅套，上面点缀着剪贴花织品标识和天鹅绒下脚料。

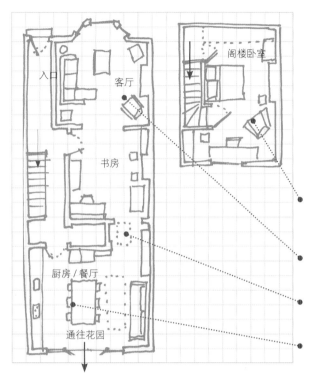

入口

客厅

阁楼卧室

书房

厨房 / 餐厅

通往花园

她说："我喜欢别具一格、图案丰富或奇奇怪怪的手工制品。当我们买下这栋拥有 100 年历史的房子时，人们已十分喜爱它，所以我们应该意识到它的潜力并为它注入灵魂。我们将翻新、改造现有的家具，或以全新的方式改造旧家具。客厅里那把 20 世纪 30 年代的椅子是我丈夫的祖母送给我们的结婚礼物。她送给我们时，椅子上面覆盖着紫色尼龙，这是 20 世纪 70 年代非常复古的布料。我们将其换成表面起簇毛的灰色织物，即刻变身与众不同的物品。

这里摆放着许多家具、物品和艺术品，都是家的见证。虽然没有太珍贵的物品，但需要孩子们特别小心。

充分利用家中的每一寸空间；没有为特殊场合特意保留空间。

客厅专门展示从跳蚤市场淘来的宝贝，并且与房间的其他区域选用一样的色调，即棕褐色、黑色或白色。

将厨房嵌入到侧面小道，并且安装落地玻璃门，可以将厨房面积增加一倍。

静物画
最喜欢的实用物品被布置成静物画，为家带来个性和活力。

"我最喜欢的一些物品是其他人制作或绘制的物品，尤其是我 6 岁的儿子。其它的是从艺术学位展或工艺品展览会淘来的。"

萨尼娅 · 佩尔

手工家居
与慢慢收集而来的手工制品生活在一起是更新过去的不错方式。

"我们喜欢收集、展示老旧实用物品，例如古董尺子、测量标尺以及老旧的板球记分牌标志。"

萨尼娅·佩尔

旧物改造风装饰指南　用淘来的物品装扮居室

"我总是在寻找我的心仪之物。通常，在最不报期望的时候，我会突然发现美丽的物品。"

设计师：阿特兰塔·巴特利特
（Atlanta Bartlett）

展示

从跳蚤市场淘来的宝贝看起来完美无瑕。将它们摆放在没有图案的白色窗台或书柜上，或将它们融入一件旧家具或实用配件，凸显它们的特点。

别致收纳

找出常见但丢弃的物品。比如，水果箱可以用作收纳；在木质托盘下方添加方向轮，改造成咖啡桌。

藏品

在跳蚤市场和二手商店度过快乐时光，偶遇从未见过的物品。赞颂美丽的旧水果盒标签或珐琅厨具。

改造

选取一件复古家具，喷漆或装饰，将其打造成独一无二的物品。更换把手，增添流苏而非抽屉拉手；在沙发上新铺黄麻纤维和复古面料。

述说故事的地方

寻找有趣独特的物品，为空间增添戏剧效果。它可以是金属丝制人体模型、独立的陶瓷动物、二手商店展示的物品，还可以是花园雕塑。

设计师钥匙　左下图
将从跳蚤市场淘来的物品装饰灯罩，锦上添花。复古钥匙围绕着普通的灯罩，打造出独特边缘的效果。

成为策展人　右下图
认真考虑，合理摆放从跳蚤市场淘来的宝贝，同时愉快地摆放家具、布置灯具，将其靠近墙上的艺术品，打造完美外观。

> "我从跳蚤市场淘货的顺序是从后往前。我认为其它人都在浏览前面的物品，如果我从后往前开始淘货，很可能挖掘到其他人还没发现的大宝藏。"

博客博主：维多利亚·史密斯
（Victoria Smith）

6 光线

可以寻找 20 世纪 30 年代的美妙枝形吊灯和台灯来装饰空间。如果只选择一盏灯，无论是多褶边造型还是功能性都非枝形吊灯莫属。

7 图片

展示框架图片，为彰显个性化空间带来无限可能。将框架粉刷成一种色彩，并将褪色风景画或非写实花卉画装裱其中。

8 采购渠道

花些时间逛几家跳蚤市场，很快就会构建最爱物品的清单。

9 混搭

"混合新旧，创造个性"这一伟大口号与跳蚤市场风格高度吻合。醉心混搭各时代风格，玩转色彩和材料。

10 听从直觉

在拥挤的二手商品里，一个破旧柜子吸引了眼球，觉得必须带回家才行。相信自己的直觉，只购买一见倾心的物品。

珠宝店　左下图
一对丢弃的珠宝店手模展示架摆放在厚实的架子上，打造完美展示架。尤其当它们用作珠宝展示架这一原本用途时，越发完美。

定制化展示　右下图
利用跳蚤市场淘来的贴纸和图画装饰商店购买的立体储物柜，为个人工作区打造布告板，经济却不失时尚。

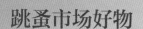

跳蚤市场好物

选用跳蚤市场淘来的宝贝装饰自己的空间。这通常意味着能够找到一个从不同方向激发想象力的单品。它们引爆想象力，可能是织物、家具、镜子甚至是复古服装。

1. 埃米莉·查默斯（Emily Chalmers）的工业风阁楼中，中世纪家具和复古纺织品相得益彰，营造出温馨别致的空间。

2. 小厨房里的复古镜子营造出时尚而非严格意义上的怀旧复古风。

3. 收集同一时期、不同色彩的花瓶、器皿，打造鲜明的展示效果。冬天，可选用细枝和干花进行插制；夏天，则可选用鲜花。

4. 金属搁架功能性强，兼具装饰性，打造完美墙饰。东方的食品包装、色彩鲜艳的调味品瓶和餐具均可以带来一场色彩盛宴。

5. 珐琅广告标语即刻带入跳蚤市场风格。寻找房间内与其他家具相得益彰的物品。

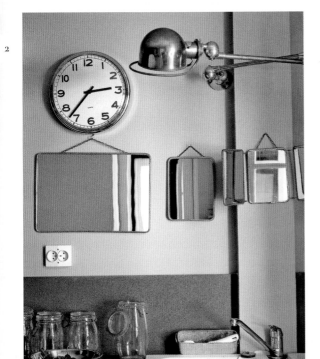

炫彩装饰风格

选用色彩装饰空间最能张扬个性。有人最爱鲜艳的绿松石色或蜜糖紫粉色，但在其他人看来可能有些过分；而许多专业装饰师所钟爱的浅中性色调对于那些喜欢艳丽明亮色彩的人来说似乎是一种温和的妥协。重要的是需要环顾四周，可以浏览杂志、欣赏喜爱的家、还可以外出购物，了解能够即刻吸引人的色彩。

色彩对于阿莱娜 · 帕特里克（Alayne Patrick）来说意味着一切。她是布鲁克林时尚家居室内设计商店 Layla 的店主。她说她位于布鲁克林的家面积虽小但利用率高，拥有非比一般、令人艳美的室外空间。她在那里打造出明亮、欢快的休息区，给这座城市掀起一阵亚洲风。

> "请不要畏惧色彩和混搭印制品共同打造出的效果。"
>
> 阿莱娜 · 帕特里克

亚洲炫酷风　下图
客厅色彩缤纷，活力四射的紫红色织物靠垫和地毯与其它区域华丽青翠的绿色、明媚的黄色形成鲜明对比。

全球时尚
复古铁床架上面摆放着亚洲刺绣、手工靠垫、枕头和民族风织物；墙壁上的艺术品则天马行空，充满女性气息。

阿莱娜说，只要是亚洲和印度色彩丰富的手工优质物品，不论新旧，我都能受到启发。阿莱娜巧妙利用纺织品，成功地给家引入强烈的色彩。"沙发是我在纽约居住时购买的第一件家具。我在一家复古家具店里发现了它，它即刻焕然一新。由于我家面积有限，所以我已经定制了一些大小合适的家具。"

"我在卧室里选用厚实的黑色胶带界定睡眠区。这是我在印度看过多次的。当然，它通常是手绘的。我一直想将其运用在自己家中。"它在白色空间打造出图案的效果，类似墙裙装饰线。

"我希望拥有一间面积更大的独立卧室，但碍于空间的限制，我不能如愿。不过，至少能让我保持整洁有序。然而，我还梦想拥有更多的壁橱，特别是步入式壁橱，可以存放我的衣服、织物和亚麻布制品。

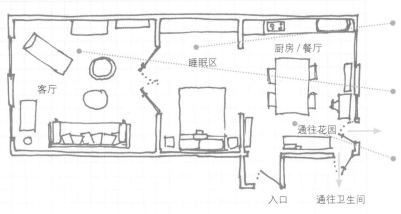

房间总面积仅为 46 平方米，由三间连通的方形房间组成：厨房、卧室和客厅。

混搭不同的色彩和图案，尽量减少家具的数量。

每个房间包括室外空间均设有舒适座椅，营造出温馨宜人的氛围。

"我从厨房开始装修，撕掉所有东西，然后全屋安装开放式搁板。"

阿莱娜 · 帕特里克

"我最喜欢的藏品之一是来自巴基斯坦斯瓦特地区的陪嫁刺绣枕。"

阿莱娜 · 帕特里克

炫彩餐厅　左下图
民族风织物点亮整洁的厨房／餐厅，将色彩渗透到中性空间的各个角落。

定制沙发床　右下图
空间紧张的情况下，考虑定制家具是不错的选择。

户外生活
室外空间与公寓内部面积一样大。可以在混凝土地面上铺设小地毯，活跃氛围，打造室外迷人区域。

"花园和厨房是首先吸引我的地方。我把花园改造成室外房间，所以天气晴朗时，我们可以在这里进行户外活动。"

阿莱娜·帕特里克

炫彩风居室装饰指南　　大胆装饰家居

"只有大胆、神奇、美妙的色彩才能改变空间的个性。色彩魅力无限、激动人心、惊喜连连，还会为任意空间带来巨大能量。所以我认为，可以大量甚至过量使用色彩！"

设计师：亚比该 · 阿埃伦
（Abigail Ahern）

选择调色板

选用喜爱的颜色，就一定会对最终呈现的效果感到心满意足。不管怎样，请不要惧怕尝试自己心仪的色彩组合。

全面覆盖

可能希望看到一个房间全面沉浸在特定阴影中，打造戏剧性和有冲击力的效果。可以选用蜜糖紫粉、闪电蓝，打造色彩缤纷有趣的房间。

炫彩墙面

如果想尝试与一种全新的色彩朝夕相处，那么可以粉刷一面墙。选择要粉刷的墙面高度，在其上粉刷艳丽的色彩。这是与某种色彩相处的方式之一。

一切尽在细节中

借助可以互换的细节，引入色彩。这种方式既适用于多种场合又富有创意。环顾四周，思考现有的物品将如何混搭，方能打造色彩故事。

光线

夜幕降临，可以采用灯罩或者墙面上多彩射灯为家注入色彩。彩色玻璃吊灯还会展现出光线的不同色调和纹理。

精美瓷器　左下图
精美陶瓷上点缀着焦橙色、渐变黄和柔和粉紫色的图案，与阿莱娜 · 帕特里克（Alayne Patrick）布鲁克林家中受纺织品启发的其他区域的色彩遥相呼应。

图案和纹理　右下图
在床和沙发上堆叠靠垫和纺织品是装饰空间的好方法，尤其当墙面和地板是素色的时候，效果尤为明显。可以在织物上面点缀花卉图案、绣上刺绣。

"我一直对色彩很着迷，发自内心地喜爱所有色彩。对我而言，色彩的强度更能打动我。单一色调的房间可以营造和谐氛围；色彩绚丽的房间则给人们带来无限活力。"

设计师：凯利 · 韦尔斯特勒
（Kelly Wearstler）

地板

喷漆地板正如喷漆墙面一样，都可以打造戏剧化效果。在地面上摆放色彩清爽、明亮的小地毯或是喷漆条纹，提升色彩基调。

纺织品

缓和氛围、装饰空间的完美方式是在窗户或桌布上使用纺织品。堆叠图案、纹理和颜色，打造出各种各样的风格。

花卉

使用花卉创造色彩、完善现有主题或开启大胆用色之旅。将花卉摆放在不同高度、不同风格的花瓶中，引入色彩。

家具

给家具大变身。可以改变其坐垫面料或者粉刷一新，与居室风格完美融合。它可以是房间的色彩焦点，也可以充当炫彩墙面和地板的背景。

几抹亮色

可以在台灯上使用明亮阴影、在梳妆台架子后面喷漆或粉刷门板，以此增添色彩。餐具和色彩艳丽的艺术品能够打破色彩平也可以。

魔力花卉　左下图

混合互补色，如绿色和红色等，打造明亮温馨的生动色调。紫粉色和翠绿色的靠垫打造出艳丽的色彩，显眼迷人。

日常纺织品　右下图

使用充满活力色调的茶斤、毛巾，给日常生活增光添彩。它们会让人微笑，会给厨房、餐厅增添温馨色彩。

引入色彩　点亮家居

色彩的秘密

▶ 地板确定空间的风格。所以要考虑清楚通过地板色彩体现哪种风格。如果想要削减空间特点，可以将地板粉刷成白色；反之，则可以选择黑色或铺上色彩强烈的地毯。

▶ 在白色空间的一面墙上粉刷艳丽色彩，如红色、蓝色或橙色，凸显特别韵味。

▶ 选择适合家的色彩。通常，白色会扩大空间视觉效果；红色令人积极向上，打造小空间的舒适感，让人忽略其面积不足的缺点。

▶ 同一色系的藏品打造空间视觉亮点。可以考虑艺术品、纺织品如陶瓷或玻璃花瓶、雕塑，复古帽、书籍和手提箱等。

▶ 在不同季节，可以给沙发、座椅额外准备一套宽松沙发套／座椅套。夏天可以尝试白色或中性色；冬天可以尝试强烈的红色或棕色。

▶ 在房间内，墙纸是打造色彩的好方法。可以选择一面特色墙或者全屋贴上墙纸。

▶ 看看强调色。可以不经意地将其用在花卉、灯罩、小地毯或软装饰品上。

美丽花卉　左图
比利时客厅的一面墙上贴着花卉图案墙纸，打造特色墙。此外，纯白沙发上摆放着坐垫，进一步凸显其美丽特质。

4

5

6

墙纸

使用墙纸装饰空间。种类繁多的墙纸设计风格打造空前的趣味性。

1. 在卧室中张贴精美的花卉图案墙纸。低调而不失可爱，凸显女性化的风格。墙纸打造空间特色，并且与床上用品风格保持一致。

2. 备受欢迎的科恩森树木景观墙纸展示了墙纸如何成为房间特色。该墙纸兼具装饰和特色，二者完美融合。

3. 花卉图案墙纸卷土重来，再一次掀起流行风，并且总是能够增添暖意、提高舒适度。即使只在一面墙上使用也有较好的效果。20 世纪 40 年代，约瑟夫 · 弗兰克（Josef Frank）首次设计花卉图案墙纸。

4. 在小房间的相邻墙壁上张贴不同的墙纸，掩盖空间面积的不足。购自 Liberty 的墙纸兼具可爱和时尚特色。

5. 让墙纸掌握发言权。在墙面和天花板上张贴墙纸，打造帐篷空间的效果，色彩鲜艳，尽显美丽。

6. 卧室墙上的经典法式印花墙纸总是充满吸引力，不管空间位置如何，都能营造出乡村田园风。

"美丽的墙纸如同油漆色彩一般，能够赋予空间独特个性，引领时尚潮流。有时，想要一件纯色裙；有时，又想要一件漂亮的印花裙。"

设计师：埃米 · 巴特勒
（Amy Butler）

4

5

6

花卉图案装饰风格

居室装饰中使用的花卉图案并不总与色彩相关，可以乘此机会大胆选择自由的风格。无论是墙面、纺织品还是陶瓷，花卉图案都显得变幻莫测：从墙纸、织物到精致瓷器和家具，均可一睹花卉装饰风采。双色花精美绝伦，足以打造全屋亮点；房间一角饰有花卉图案的贴纸、手绘小花，以一种更安静的方式体现花卉图案的主题。

夏洛特 · 赫德曼 · 盖尼奥（Cdarloble Hedeman Gueniou）在丹麦欧登塞经营一家创新家居装饰品公司 Rice。她在丹麦菲英岛上的凯特明讷小镇上有一栋建于19世纪的住宅。在不忙于推出新品或环游世界收集灵感时，她喜欢与家人

一起在那儿度过美好时光。

"这是一个可以让我任意使用振奋人心的色彩以及花卉图案的好地方。我一直都将粉色、绿色、深蓝色、黄色和快乐联系在一起。在我看来，灰色、米色和黑色甚至都不算是色彩。我经常自己绘画，激发配色灵感。菲英岛的这栋住宅深深地吸引着我们每一个人。这里的空间开阔、自然光线充足、房间宽敞；这里的风景迷人，周围的自然风光美不胜收。"夏洛特解释道。

"有时，也会出现色彩小意外。我们的电视机房就曾发生过一个美丽的误会。喷漆工在一面墙上粉刷了珊瑚亮色，实际上我想让他在另一面墙上粉刷深蓝色。但是，没想到这两种色彩却意外地非常搭配。

该住宅的几个房间都装饰有花卉图案。走廊上的墙纸上装饰有明亮的民间艺术风格图案；厨房选用深色背景，上面绽放着蓬松的粉色玫瑰，生机勃勃。厨房、家庭活动室内的小地毯和狭长形地毯上都为粉色花卉图案。

餐厅里，花卉图案呈现在各式花瓶和容器上；鲜花则固定摆放在餐桌上。花卉还装饰着厨房内的灯罩、钩编锅架、锡制品和陶瓷展品；客房则拥有精美花卉墙纸和柔色靠垫。"我喜欢将新旧彩色物品混合在一起，例如将丹麦皇家瓷器与现代密胺杯餐具混搭，"夏洛特说。

"我的空间充满乐趣、功能完善、色彩华美。"

夏洛特·赫德曼·盖尼奥

花卉的力量 左页图
覆盆子粉的亮光橱柜背靠辉煌的粉玫瑰壁纸，显得无比低调，带给厨房即刻的欢愉。

炫彩陶瓷 左图
开放式搁板展示了杯碟、复古茶具和酸亮色密胺杯上花卉图案的炫丽混搭风格。

"我喜爱的色彩经常发生变化。我女儿经常问我这周最爱什么色彩？"

夏洛特·赫德曼·盖尼奥

地板是木质的，选用中性色，花卉图案墙纸和小地毯打造住宅的焦点。

宽敞的餐桌上设有花卉图案的靠垫、餐巾和鲜花。

厨房内选用互补色的喷漆家具，上面粉色玫瑰生机盎然。

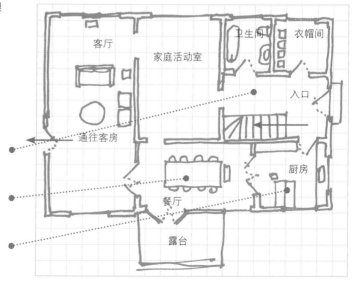

粉色气泡墙纸
左页左图

粉色气泡的花卉墙纸打造走廊处大胆的背景，那里设有喷漆木凳和钩编靠垫，给玫粉色空间提供鲜亮的互补色。

玫瑰和石灰
左页右图

厨房内只有一面墙贴有墙纸，其余空间专门用来陈设藏品、瓷器和灯具。这些物品用色大胆、欢快，与亮色墙壁相映成趣。

寻找玫瑰色　右图

水槽和洗碗机后面的花卉墙纸效果喜人，出乎意料。这些花卉图案距离台面很近，烘托出欢快的氛围。

花卉图案风装饰指南　花卉·绽放美丽

"如果家中有很多图案，请尽量保持简单的调色板。如果还应用了不同的色彩，那么很多印制品较难搭配。所以，最好使用同色系的不同色彩。"

设计师：马德琳 · 温里布
（ Madeline Weinrib ）

1 源自花卉的灵感
走进花园，欣赏最爱的花朵。它们的造型、形状以及色彩都会给居室装饰带来灵感。

2 贴墙纸
墙纸风格多样，从精致可爱的樱花设计到传统乡村风格的花卉枝条图案，都可一睹它们的风采。

3 家具
将花卉静物图案添加到橱柜上，或将精致花叶图案装饰在抽屉、椅子的侧面或前面，个性化定制家具，彰显别具一格的风格。

4 花卉图案织物
从商店到市场都能看到漂亮花卉图案织物的身影。利用它们收获出其不意的惊喜，比如可以用其覆盖一扇有填充物的门。

5 美化瓷器
从维多利亚时代的茶具到精致的远东瓷器餐具，其上的花卉图案数不胜数。选用朴素的白色桌布铺设桌子，根据场所选用不同的花卉图案。

拼布蒲团　左下图
条纹、格子、花卉和素色共同体现在这个带扣的蒲团上，为夏洛特的家打造色彩缤纷的休闲座区。可以使用织物的边角料制作属于自己的蒲团。

花卉赞歌　右下图
东方橱柜上的喷漆花卉面板给这栋位于丹麦的住宅带来异国情调。橱柜装饰完美，上面摆放着一盆花，墙上挂着一副小画。

"请记住，如果在家中大量使用大胆的图案，请尽量减少杂乱，因为很容易审美疲劳，造成负担。多图案的模式在整洁有序的空间中才能发挥最佳效果。"

设计师：米歇尔 · 亚当斯
（Michelle Adams）

6 手工花
将花卉图案运用到针织或钩编的板架、置物架和花盆覆盖物上，创造自己的单花，装饰品，则效果更佳。

7 传家宝被子
使用复古织物或传承花卉图案窗帘的一角，制作具有个人意义的被子和针织物。

8 鲜花
选用色彩不同、大小各异的复古花瓶。从花园里挑选野花，或用山茶花、绣球花或向日葵构造大胆图案，打造房间焦点。

9 假花
为了在一整年都能看到美丽色彩，可以在季节合适时制作一些假花。选用一些花朵较大的小兰花，将其摆放在窗台上，打造非正式风格。

10 饰品
灯罩可以覆盖花卉织物或朴素的3D花朵。可以在抽屉柜上添加花形门把手，或者装饰上陶瓷花。

花卉美食　左下图
在厨房收集钩针编织和绣花锅冷却器，并用美丽的茶巾展示出来。花卉图案用在所有的台面上，非常协调。

耀眼嫩枝　右下图
在拼布被子上，将细小的嫩枝花卉图案上点缀着格纹、条纹和各种颜色色彩，在色彩鲜艳的房间中尤为突出，堪称焦点。

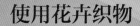

使用花卉织物

无论是传统布艺还是现代室内软装饰，舒适的床品、精致的靠垫、美丽的花卉织物都是永恒、优雅的装饰品。

1. 不走寻常路，将花卉图案织物用在意想不到的地方，比如用在 20 世纪中期的扶手椅的垫子上。同时，钩针编织的花卉图案地板也是延续花卉主题的巧妙方式。

2. Cabbages & Roses 设计师克里斯蒂娜·斯特鲁特（Christina Strutt）选用精美的渐变奶油色和淡玫瑰色花卉织物，将其运用在许多不同物品的表面，包括墙面、窗帘、地毯和户外遮阳篷。

3. 伊冯娜·艾杰肯杜伊（Yvonne Eijkenduijn）比利时的客厅内配有自己的花卉赞歌，烘托出舒适感，展现出白色与粉色、红色花朵的完美结合。

4. 荷兰设计师布洛里·博施（Floriene Bosch）的舒适乡村卧室中选用炫丽的苹果绿，与花卉图案形成鲜明对比。

5. 选用现代风格对传统花卉图案织物重新改造。经典椅子装饰有现代的法式印花设计，背靠着鲜艳的蓝色墙壁和新旧花卉图案画作。

"传统的花卉图案织物具有持久的吸引力；年代越久远，越斑驳褪色，效果越好。为家庭购买织物是一笔巨大的投资，因此使用最实惠的产品非常重要。"

设计师：克里斯蒂娜·斯特鲁特

3

5

"乔尼能够看到繁华背后的真谛，极具想象力。我回到家时，非常幸福能被他量身打造的丰富居室设计所包围，这让我由衷欣慰，发自内心地微笑。"

西蒙 · 多南
（Simon Doonan）

餐厅风格

来自 20 世纪 50 年代偶尔使用的椅子与摇晃的 20 世纪 60 年代的餐桌和软垫椅子以及餐厅中的旋转式蓝色定制地毯交织在一起，烘托出舒适感和热情待客的氛围。并且空间的建筑优点不会迷失在混搭风中。

"家中最好的
房间总是给人
带来舒适感，
催人向上。"

纳森·阿德勒
（Jonathan Adler）

混搭装饰风格

混搭居室装饰风格，打破严格的风格定位，玩转
色彩，创造完全独特、鼓舞人心的居室风格。

陶艺家兼室内设计师乔纳森·阿德勒（Jonathan Adler）
和作家兼巴尼斯纽约奢侈品连锁百货公司创意总监西蒙·
多南（Simon Doonan）在纽约市共同打造了一套公寓，完
美契合他们的生活。很明显，他们非常享受活力四射的创
造空间。阿德勒认为，家应该是美丽的，拥有华丽和精心
设计的时尚物品。

阿德勒和多南的公寓完美结合图形图案和大胆的色彩，没
有墨守成规，遵循颜色的规则。"我们想创造一个梦幻般
的空间，所以我们全屋粉刷。地板、天花板和墙面被粉刷
成亮白色。然后，我们分层摆放被丢弃的多彩的物品。"
阿德勒说。"我们非常幸运地住在曼哈顿的这栋大公寓里，
并且充分利用好每平方米的面积。14年前，我们购买了第
一套公寓，6年前，我们购买了相邻的公寓。"

快乐时尚
阿德勒和多南的公寓客厅设有20世纪50年代的家具、复
古玩物和现代陶瓷，引人入胜；而大胆的用色、温暖的纹
理和大面积钢化白墙和谐相处。这就是效果最佳的别致居
室装饰风格。

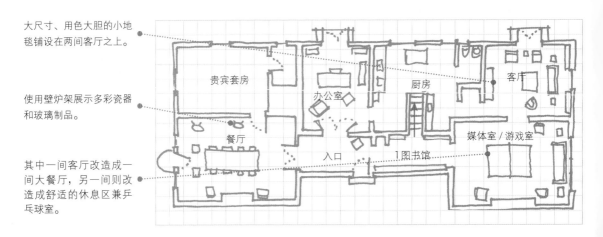

大尺寸、用色大胆的小地毯铺设在两间客厅之上。

使用壁炉架展示多彩瓷器和玻璃制品。

其中一间客厅改造成一间大餐厅，另一间则改造成舒适的休息区兼乒乓球室。

贵宾套房　办公室　厨房　客厅　媒体室／游戏室　餐厅　入口　1图书馆

我们整合公寓时，发现很难使用到另一间客厅。有一段时间，我们只在有正式活动时才会使用它，我决定搬走全部家具，并且在房间中间摆放一张乒乓球桌。这样，我们就可以经常使用这个空间。"西蒙新出了一本书《无与伦比的美丽》，完美地描述了他在室内设计和产品设计时寻找的东西。"我非常讨厌这样的住宅；俗不可耐，并且设计得只是令人印象深刻而非热情好客。所以，我努力创造美丽的东西，且不失轻松娱乐。个人设计理念中最成功的是它真实地反映了我们是谁，它让我们每天都很快乐。我们喜欢称之为快乐时尚。

"我有史以来最喜欢的一句话就是：少即是乏味。"

乔纳森 · 阿德勒（Jonathan Adler）

快乐的面孔
精巧的陶瓷制品和花瓶共同营造出静物效果，这在任何房间都能引起积极的作用。

"如果客厅中只能购买一件主打物品，那么非超大枝形吊灯莫属。
我认为吊灯应该比想象的还要大，而且价格比想象的还要贵。"

乔纳森·阿德勒

混搭风装饰指南 让空间乐趣非凡、时尚无限

"混搭！如果房间过分讲究匹配，看起来就会很做作。相反，请随意搭配色彩和主题。"

设计师：唐·费利奇亚
（Thom Felicia）

冲突即时尚
摒弃色彩规则类图书，混搭艳丽的色彩和欢快的图案，打造视觉冲击力。尝试深褐色、橙色、柔蓝色、叶绿色、金色珐琅和彩色玻璃。

玻璃艺术
寻找复古玻璃花瓶、水壶和装饰品，让它们一起打造美丽空间。将它们摆放在窗台上，自然光线透过，在房间内投射出温暖的光芒。

选配混搭家具
别致的居室装饰风格混搭不匹配的物品，创造自己的风格。为 20 世纪 60 年代的家具寻找金属色的支架，同时完美搭配原生态物品和经典灯具。

别致灯具
仔细寻找跳蚤市场的落地灯和台灯。它们会在最爱的物品上投射大量光线。超大型 Anglepoise 灯具打造房间的视觉焦点。

寻找灵感
广告、杂志、书籍和设计类博物馆都是别致居室装饰风格的良好资源。跳蚤市场和复古商店则是购买绝无仅有的物品的好地方。

另类时尚　左下图
这幅 20 世纪 60 年代歌手史莱·史东（Sly Stone）的绘画作品由佩施克（Ed Paschke）绘制，为海军蓝天鹅绒椅和之字形地毯打造炫彩背景；回收再利用的木材则因金属腿而变得愈发别致。

国王和皇后　右下图
乔纳森·阿德勒（Jonathan Adler）以诙谐的方式，选用乌托邦陶瓷系列藏品展示花卉。该陶瓷藏品可以摆放在壁炉架、桌面或搁板上。

"巧妙混搭、分层摆放最爱的藏品，打造迷人别致的混搭空间，增强个性化。"

设计师：亚比该 · 阿埃伦
（Abigail Ahern）

6 遵从直觉
创造别致氛围与挑选展示个人物品息息相关。那些物品就好比推陈出新的博物馆里的人工制品。创造不同布局的空间。

7 墙面和地板
地板和墙面选取中性风格，便于在其他空间自由选择风格和色彩，尝试用色大胆的墙纸和织物，把它们打造成空间焦点。

8 织物
阿德勒和多南喜爱几何图形织物，公寓内随处可见。使用同系列的织物、色彩或设计，温和协调。

9 独特的物品
打造焦点是混搭居室装饰风格的重点。将最喜爱的物品放在房间的显眼位置或者使用地灯、壁灯照亮它们，在最佳光线下展示其效果。

10 幽默诙谐
极致主义通常意味着幽默诙谐，是一种随性的风格。选择独特、古怪的物品时，遵从直觉。如果它令人愉快，就将它收入囊中。

复古角　左下图
一件吸睛艺术品、两把复古椅以及带金属雕刻底座的玻璃桌，共同打造出时尚舒适的休息区。

定制时尚　右下图
干净整洁、设计完美的橱柜上新添形象生动的花卉织物和细铁丝网面板，使居室焕然一新、活力四射。橱柜上面展示的陶瓷品趣味横生。

后现代装饰风格

后现代居室装饰风格打造视觉焦点，同时保持冷酷感。引人注目的家具混搭中性色调。房间内布置简单家具，选用魅力十足的材料如天鹅绒或大理石；或将新颖独特的家具一一排开，营造出十足的趣味。

设计师马克·帕拉佐和梅莉莎·帕拉佐位于橘郡的住宅完美展示出现代魅力居室装饰风格如何展现个性、大胆的混搭风和现成的风格。这两位时尚、轻松的设计师搭档在新港滩经营 Pal + Smith。他们称其居室风格为现代、别致、炫彩甚至出其不意。"我们的灵感来自时尚、新旧物品、复古摄影、弗里达·卡罗画作、詹姆斯·邦德老电影和阿尔弗雷德·希区柯克。通常我们会选用混搭风，将古董摆放在复古玩物旁边。"

"我喜爱柑橘的色彩，"梅莉莎说，"满眼望去，一大片绿色和黄色。反差是我们坚持的东西，不管是大胆的织物还是油漆，吊灯是一件引入惊喜或戏剧元素的装饰物品。"

"我喜欢混搭所有的居室装饰风格。我选用了相当数量的欧式现代装饰艺术品以及亚洲的古典艺术品。我认为别致居室装饰风格最佳，我想让人们保持猜想。"

梅莉莎·帕拉佐

魅力客厅　下图
开放式客厅时尚但不失友好，划分成氛围怡人的"成长"区、设有桌子和书架的家庭活动区以及轻松的社交厨房。

"古董和复古玩物在现代居室装饰风格中发挥着重要作用。"

梅莉莎 · 帕拉佐
（Melissa palazzo）

奢华餐厅
餐厅中选用彩色透明窗帘，柔和了大理石餐桌和多功能餐椅的坚硬边缘。

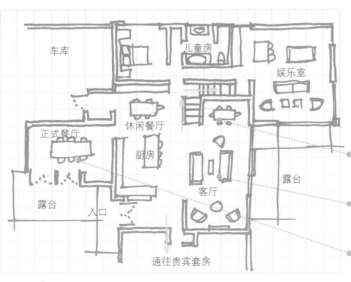

车库

儿童房

娱乐室

正式餐厅

休闲餐厅

厨房

露台

露台

入口

客厅

通往贵宾套房

帕拉佐夫妇在居室装饰中大胆混搭色彩和织物，而非选择特定风格的装饰品。他们充分利用室内外环境，经常打开玻璃门进行娱乐活动或将生活空间拓宽到室外区域，打造更为轻松、灵活的生活方式。

优雅的喷漆木桌和低圆凳为客厅末端的卧室增添了些许豪华的韵味。

客厅设有来自 Pal + Smith 的两张麦迪逊沙发，为开放式空间即刻带来魅力。

正式餐厅内设有大理石桌，两侧摆放着皮椅，质地奢华，魅力无穷。

"可以将画风严肃、成熟的墙纸打造成视觉焦点，但不能主宰空间。选用天鹅绒、闪亮的木质和金属色材料混搭，背靠厚重的青翠绿背景。这种搭配方式在任何空间都能起到惊艳的效果。"

梅莉莎 · 帕拉佐

现代魔力

森林绿和蓝调的甜美结合，各式纹理为安静的休息区带来意想不到的魅力。

后现代风装饰指南　打造优雅空间，使人饱览眼福

> "如果要打造视觉焦点，那么它应该是昂贵的。否则，所传递出来的则是'我承担不起更优质的物品。'"

设计师：汤姆·德拉文
（Tom Delavan）

现代混搭

混搭不同类型的家具，营造出魅力居室。可以将亚洲风桌子喷漆，并在其旁边摆放20世纪30年代的衣橱或复古的巴洛克式家具。

日常遮掩方式

选用迷人、透明的白色或彩色窗帘来隐藏日常杂物，如步入式衣橱或工作资料，即刻打造戏剧效果，带来无限惊喜。

创造反差

粗糙和光滑对比，大胆的图案和小尺寸的地板、墙面对比，炫彩玻璃与中性色材质对比，新旧物品对比，打造出有趣而不可预测的视觉张力。

混搭材料

对于具有现代魅力集聚的家具，光泽的白色搭配反光钢，硬而豪华的大理石和各种装饰风格混合。

玻璃类制品

造型各异、颜色丰富的高颈瓶既可以表现色彩，还可以作为精巧的藏品展示。可以将其摆放在壁炉架、餐桌或控制台上，让色彩打造成房间的重点。

永不褪色·蓝　左下图
Pal + Smith 的 Nouveau ottoman 系列沙发选用宝石明亮的绿松石织物，与玻璃灯等物品相得益彰；厚实的展示架与包装盒的浓缩咖啡底座相呼应。

橱柜艺术　右下图
梅莉莎·帕拉佐（Marc and Melissa Palazzo）家中最受欢迎的物品之一是这个古色古香的橱柜，引人注目，兼作艺术品和客厅储物柜。

"即使预算有限，也可以从可识别的海量生产的物品中挑选一件定制物品，打造成房间焦点，将无聊、可预测的空间改造成极富创新、绝佳的空间。我强烈推荐选用定制物品。"

时尚作家兼室内设计师：托里·格洛特
（Tori Mellott）

完美图片

选用复古绘画、炫彩艺术品，打造房间焦点。收集自己喜爱的艺术品类型，如动物图片、最爱的风景画或家人肖像画。

精致织物

纺织品触感舒适，极致奢华。想想厚重的天鹅绒或雪尼尔，搭配锦缎或有纹理的亚麻布，大胆选用色彩、花卉图案设计。

时尚墙纸

墙纸总是给空间增添魅力和视觉趣味。可以只张贴在房间内的一面墙上或者一部分区域，营造最佳效果。选用柔和色彩、醒目图案，打造时尚背景。

魔力光线

现代落地灯、复古吊灯和酷炫的当代意大利地球灯给房间增添了无穷魅力。可以在每个房间都安装一盏大型灯具，打造绚丽效果。

COCOONING 椅

从悬挂的 COCOONING 竹椅到图案大胆、样式迷人的超大沙发，现代居室魅力在于创造出时尚、轻松的感觉。

精致魅力　左下图

大理石餐桌上摆放着一副时尚静物画，簇拥着精致的玻璃酒瓶，选用标志性的柑橘色、焦橙色和绿松石色，透露出丝丝奢华。

轻松就餐　右下图

楼梯下的额外空间里，摆放着亚洲风格艺术画、女性化的凳子和传统桌子，共同营造出低调又不失迷人的工作区。

Chapter 03

打造理想生活空间
CREATING IDEAL ROOM

"家应该讲述自己的故事并且汇集自己
所爱之处。"

尼特·保卡斯
（Nate Berkus）

轻松娱乐
克里斯汀·多纳诺（Christine d'Ornano）伦敦
家中的厨房，设有宽敞的再生餐桌和一套炫彩复古
餐椅，搭配实用吸顶灯，优雅怡人。

兼具实用时尚

厨房兼具实用和时尚，混搭复古配件、复古墙砖以及工业风的橱柜和酒吧凳。在设计方面，非常容易采用混搭风格。

"厨房引入新潮的概念或材料前，请三思而后行。事实上，对打造经久不衰的
厨房而言，更具价值的是确定自己的装饰风格。"

厨房设计师：苏珊·塞拉
（Susan Serra）

厨房

厨房——每个幸福家庭的核心所在。厨房无论是大型还是小型，时尚还是正式，舒适还是简约，都是朋友、家人聚会、烹饪、就餐以及娱乐的地方。可以规划适合自己的生活方式和喜欢的布局，纵情释放自己的装饰热情。最好的厨房集功能、个性和良好设计为一体，一个让人愿意停留，同时感到被需要的空间。

请即刻思考优先级。是否有空间可以规划，或者更期望改造或翻新，请尽可能多地查看各类型厨房及布局。收集厨房设计师报价之前，请绘制平面图，在纸上尝试不同布局。

厨房设计就是将所需完美融入其中。小厨房通常需要一字形车船布局或紧凑 L 形布局；大面积厨房通常可以选用岛台式布局、U 形布局和不同的活动区域。无论是重新布置还是从头开始，早期阶段的规划是最重要的。

厨房三角区　烹饪的三个主要区域，即水槽、炊具和冰箱应形成松散的三角形，可以更加便捷地使用。当然，这并非总是可行。将日常餐具摆放在洗碗机附近、烹饪设备靠近烤箱是有意义的。比如，可以节省时间、精力。

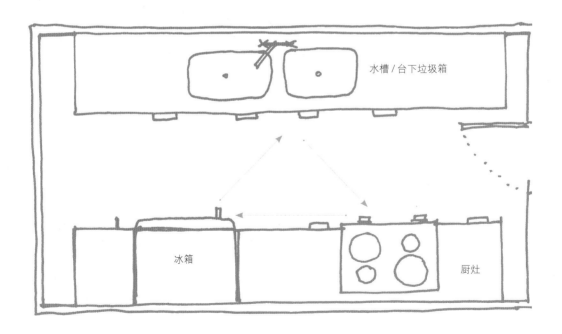

水槽 / 台下垃圾箱

冰箱

厨灶

完美厨房　右页图
萨尼娅 · 佩尔（Sania Pell）拆掉了一楼改造厨房的一面墙，可以欣赏花园的风景。由此，餐桌即刻成为房间的焦点，融功能性、低调风格为一体。

"我非常看中厨房的美观性。但厨房的功能性、设计的精心与否更为重要。"

设计师：费尔南达·博洛特
（Fernanda Bourlot）

厨房布局

确定装饰优先级，然后开始规划空间布局。

厨房设计取决于可用的空间面积、使用人数以及它是否作为纯粹的烹饪空间还是兼作餐厅或客厅。收集喜爱的厨房元素剪贴页，用它们来搭建梦想厨房。

"我喜欢混搭新旧斯堪的纳维亚设计、法式和英式农场摆件。我不喜欢花哨的，我更看中简约、功能性强的家具。"

博客博主：伊冯娜·艾杰肖杜伊
（Yvonne Eijkenduijn）

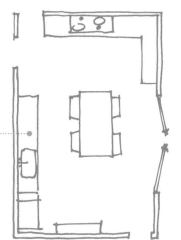

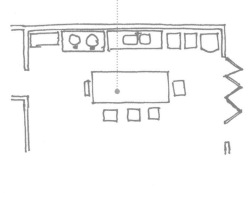

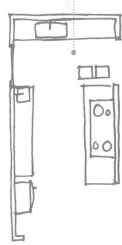

L 形松散布局　左页图

L 形松散布局适用于面积足够大的厨房，可容纳餐桌和烹饪、备餐的特定区域。高墙用于收纳玻璃门橱柜，展示引人注目的物品，比如食品储藏罐和书籍；台面下的橱柜则收纳烹饪工具。

怀旧岛台　左上图

一楼设有一字形布局的橱柜和厨具，包括水槽、厨灶、冰箱及可兼做备餐区和就餐区的独立岛台。一字形布局适合小面积厨房，也需要壁橱进行收纳。

双车船厨房布局　右上图

长矩形空间内，双车船厨房布局打造功能完善的备餐区。第三面墙可用于摆放水槽、更宽敞的工作台以及墙面上开放式鸽笼的额外存储空间。认真的厨师随时需要拿起厨具，餐具摆放在工作台上方的横杆上。

厨房：规划

制定计划的那刻起，乐趣接踵而来。

最佳厨房兼具功能和美观。在开始考虑翻新厨房或从头开始规划全新厨房之前，请花些时间考虑自己的需求。自己是否是一位热情的厨师，愿意每天为自己和家人准备新鲜饭菜？是偏好独自烹饪还是两人定期烹饪？是否爱整洁，喜欢将所有物品均摆放在无尘橱柜里？是否希望展示、准备餐具和厨具？

可以剪贴出喜欢的厨房图片。它可以是喜爱的材料、色彩、大窗户、宽敞的地板或梦幻瓷砖，也可能发现自己回到了纯白木质空间，那里的一切都是清新而宁静的。

空间类型决定设计方向。挑高小面积空间可能需要打造错层式区域或夹层，创造额外空间。而较大空间，则可以尽情设计，添置独特的复古厨房家具，如砧板或饱经沧桑的粗制餐桌。在较大的空间中，布局的选择更多，墙面和地板都有机会成为焦点。

"请把厨房想象成一台机器。"

设计师：菲茨休 · 卡罗尔
（Fitzhugh Karol）

时尚水槽　左页图和下图
布鲁克林的家中，再生水槽激发了简朴的白色木质厨房的设计灵感，其来源于天然材料：板岩、木材、铁制品和钢铁。以上新兴材料和可再生的材料完美协作，共同打制时尚水槽。

准备必需品

▶ 装饰方式决定材料。需要做很多决定，但首先需要梳理基础知识。

▶ 橱柜是必需品，所以确定喜爱的类型：木质或喷漆、哑光或光面、定制或非定制。

▶ 工作台至关重要。请在预算范围内购置最好的台面：可丽耐台面、板岩台面、钢或锌台面。如果预算紧张，可以选择坚硬、耐磨的木质台面或者层压板台面。

▶ 地板必须坚固且易于清洁。因此，请考虑瓷砖、石板、乙烯基塑料或合成地毯、软木、板岩或喷漆混凝土。

▶ 工作区的墙面可选用平铺或镶板的玻璃或钢板。如需保持平整，请记得使用防霉厨房油漆。

▶ 照明方式多种多样。LED筒灯位于壁橱下方，给工作台面提供照明设施，同时具有调光功能，方便在一天中的不同时间调节亮度。

▶ 选用面积最小、效果最佳的窗帘。织物、木制的百叶窗效果最佳。但如果喜欢色彩，可以在纺织品垫子、茶巾或橱柜面板上上引入花卉织物或图案。

展示收纳藏品　为所有人展示自己最爱的物品

在厨房里，总有很多机会从日常用品中创造出一些有趣又有吸引力的物品。厨师的厨房中可能显眼的是悬挂在架子或栏杆上的闪亮厨具。炫彩瓷器可能会成为家庭厨房的生动焦点；整套餐具应该展示出来，而非隐匿在尘土飞扬的橱柜里。

悬挂式导轨是烹饪区不错的装置，可以放置在滚刀上方的瓷砖上，也可以放置在厨灶或备餐区的侧面。如果厨房内有岛台橱柜，则可在天花板上安装搁物架，在其上方悬挂厨具。独立式砧板可靠墙摆放，并且在其上方设计挂钩，可展示水壶、瓷杯等。

厨房一角　左上图
整洁的深抽屉式收纳柜可摆放大量厨具。每天使用的平底锅可悬挂在抽油烟机下方的镀铬轨道上。

开放式展示柜可以采用独立或上墙的鸽笼式搁架，也可以采用带搁架橱柜，将展品打造成焦点。

优雅展示　右上图
丹麦风厨房选用简朴的木制展示柜，其背面采用再生木材，为日常玻璃器皿和陶瓷打造完美纹理背景。该厨房兼具实用的存储和完美的展示于一体。

> "在条件允许的情况下，请为橱柜喷漆，打造完美新面貌。精致的米白色，带有些许蘑菇色和浅卡其色，易于打理，尽显经典优雅本色。"

厨房设计师：苏珊·塞拉

收纳、展示日常瓷器和玻璃器皿颇有意义。需要将常用器皿放在触手可及的地方，并将很少使用但美丽的大浅盘或汤盘摆放在梯式展示架的上方。摆放瓷器时，根据色彩或样式进行分组，营造最佳效果，并且确保所有珍贵物品摆放得当，不易打碎。可以选用壁挂式或台下式的釉面橱柜，避免瓷器破损或摆放在开放式搁架上的灰尘污垢堆积。可以选择透明、不透明或磨砂器皿，这取决于能见度。

混凝土理念 左上图
通过坚固的钢支撑将混凝土砌块搁架固定在墙上，展示日常陶瓷和蕨类植物，营造出天然的画面。

挚爱橱柜 右上图
蓝白相间的经典瓷器、玻璃器皿、咖啡杯碟摆放在壁挂式玻璃橱柜中，营造出休闲氛围，避免陶瓷落灰而且能完美展示出来。

乔纳森·阿德勒（Jonathan Adler）和西蒙·多南（Simon Doonan）的曼哈顿厨房兼具时尚和功能性，完美展示独特的陶瓷水壶和花瓶，创造个性盎然、奢华优雅的烹饪空间。混合材料与摆放在专用钢架上的陶瓷色彩完美呼应。厨房整齐干净，采用L形布局，位于公寓的一端。公寓厨房选用定制橱柜、固定装置以及用于收纳的嵌入式创意玻璃橱柜。阿德勒的精美陶瓷藏品摆放在工作区上方的浅层钢架上，给烹饪或就餐带来绝佳的视觉享受。

不锈钢防溅板正上方的板材幽默诙谐，为倦怠的重复烹饪增添趣味。嵌入式朴素木制橱柜实用性强，其线条流畅易于清洁。厨房选用整洁、小巧的门把手也出于此原因。

陶瓷娃娃　左图
陶瓷艺术家比约恩·温布拉兹(Bjørn Wiinblad)设计的精美陶瓷小雕像和餐盘给时尚的工业风厨房水槽增添了奇特炫彩的气息。

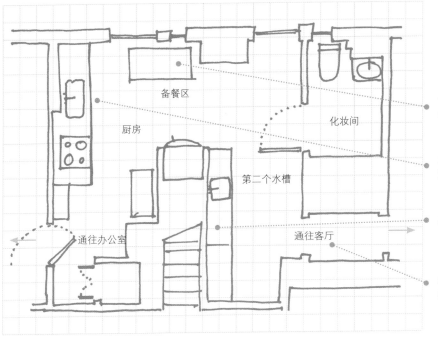

传统定制橱柜融合独立式收纳推车和嵌入式创意橱柜为一体。

大量的台下收纳空间意味着展示架上还留有空间。

展示瓷器和餐具，柔和工业风配件。

对于有宠物的家庭来说，板岩地板是明智的选择，因其易于护理，方便清洁。

城市公寓型厨房

通常，在寸土寸金的城市公寓中，简单实用的厨房性价比最高，便于在细节中增添个性。请让材料成为厨房的焦点：不锈钢、木材和板岩都是不错的解决方案。它们可以协同工作也可以单独使用，打造完美厨房。可以通过展示、陶瓷或凸显闪亮烹饪设备，增添厨房韵味。

"魅力独特、奢华不羁，完美阐述了我努力打造的室内外设计作品。"

乔纳森 · 阿德勒

"重新粉刷玻璃门橱柜的后墙和侧壁。给白色碗碟增添一些鲜艳的色彩，如覆盆子色、珊瑚色或优雅木炭色，这将大大改变碟的外观。"

厨房设计师：苏珊 · 塞拉

手工橱柜　左下图

阿莱娜 · 帕特里克（Alayne Patrick）的布鲁克林公寓中，水槽收纳橱柜选用复古橱柜门和把手；墙上的开放式鸽笼搁架展示和收纳不拘一格的瓷器和玻璃藏品。

系列陶瓷　右下图

配合使用现有的嵌入式橱柜及新橱柜，营造混搭迷人效果或采用不同设计的收纳式橱柜，打造相同效果。

嵌入式收纳　隐秘，但依旧可见

人们很容易听从厨房用品生产商的意见，购置大量橱柜。其实更为重要的是理清所有的厨房设施。清理出多余的物品。接着理清可以完美展示的物品、日常使用的物品以及需要隐藏的物品。然后计算出需要多少橱柜以及哪些橱柜可以兼做展示柜。最好设计一些嵌入式橱柜，因为不管它们是低调的、朴素的还是艳丽光面的，都对收纳方案发挥积极的作用。

重新设计或翻新厨房时，嵌入式收纳是确保将所有厨具都安装到位的重中之重。可以查看各式橱柜风格，记住还要考虑手柄和门把手。

白色风格　左上图
埃米·诺恩辛格（Amy Neunsinger）的厨房内设有简洁风白色橱柜和抽屉，配有网眼镶片、复古钢手柄和玻璃旋钮。

别致电器　右上图
明亮宜人的陶瓷摆放在玻璃橱柜内，旁边是陶瓷设计师乔纳森·阿德勒（Jonathan Adler）的原创作品，营造舒适氛围。

厨师型厨房

以烹饪为主的厨房需要将功能与创意完美结合。厨师的厨房往往包括某种形式的岛台或早餐吧。认真的厨师会在这里度过很多时光，所以他们更想要创造一个朋友家人也可以在备餐区周围聊天、帮忙或观看的工作区。

埃米·诺恩辛格的洛杉矶厨房奢华壮美、复古实用，采用经典的岛台布局，可在整个厨房内自由走动，提高烹饪效率。工作台面选用时尚大理石；厨房中央是由 Kallista 设计师迈克尔 – S. 史密斯(Michael S. Smith)设计的大容量惊艳水槽，既打造厨房焦点，又兼具功能。厨房共有两个水槽，可灵活烹饪、备餐。其中一个水槽是厨房的焦点，位于岛台橱柜的顶端。

时尚实用于一体　上图
工业材料和白钢色主题打造迷人勤勉的美食工作区。暴露的管道和奢华的台面共同协作，营造兼具时尚、实用于一体的烹饪环境。

"我想在这里和新兴事物一起慢慢变老。我喜欢这种感觉。可以在这里获得旧材料，而且它们还能和室内外空间和谐相处。"

埃米·诺恩辛格

柔化地板混凝土及大理石台面的坚硬表面，可以通过摆放鲜花、乳白色瓷砖、复古水龙头以及实用型门把手和拉手等来实现。

白色定制木橱柜镶嵌金属丝网面板，搭配开放式搁架，可展示、收纳玻璃器皿和餐具。展示日常瓷器是减少厨房工作量的好方法，特别是当洗碗机距离岛台橱柜仅一步之遥时。

壁挂式玻璃橱柜可用于存放烹饪书箱和烹饪设备，其设计得当，宛如整体橱柜的一部分。大冰箱与岛台另一侧的工业风厨灶风格一致。

"开放式搁架方便取放，而且还可以欣赏我的陶器。"

埃米 · 诺恩辛格

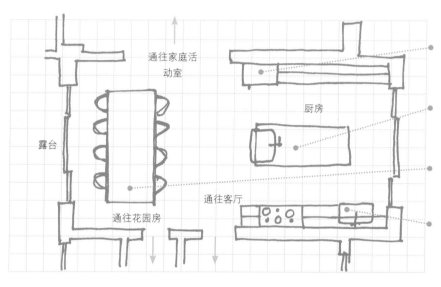

"水槽、冰箱和厨灶"经典三角形布局在这间厨房里呈直线布局，最大限度地减少环绕岛台橱柜所花费的时间。

岛台橱柜周围留足空间，方便走动。

厨房的活动中心远离双扇落地玻璃门，因为任何时刻都可能需要进出厨房。

充分利用挑高楼层的优势，打造高柜及搁架。

（图中文字：通往家庭活动室、厨房、露台、通往花园房、通往客厅）

迷人水槽
当拥有舒适宽敞的水槽、绝佳的水龙头和餐具清洗装置时，烹饪绝不是件苦差事，烹饪将成为这个坚硬岛台的焦点。

纯白
时尚的玻璃防溅板将户外自然光线反射到白色Thassos大理石台面上。玻璃防溅板和大理石台面均购置于Walker Zanger公司。复古风水龙头则给实用的烹饪区增添丝丝魅力。

休闲餐饮　　与家人朋友共享美食是人生一大趣事

正式用餐的日子不复存在，主要是因为独立餐厅的出现。人们不再认为正式用餐是家中重要活动。厨房代替了其功能已经成为中央空间，烹饪、就餐和放松等日常活动更可能发生在同一区域而不是单独的房间。

虽然正式就餐不再是重点，但是可以采取多种方式让客人或家人享受到特别的用餐体验。选用淀粉白桌布而非正式的餐桌布置，并且提供"最佳"晚餐服务，比如：若隐若现的灯光、舒适的桌布（棉、亚麻或塑料）、匹配的瓷器、日用餐具，营造出舒适温馨的氛围。这样就可以保证用餐体验真实、轻松、诱人。

设置场景

▶ 选择灵活多变的餐桌。无论是伸缩式还是折叠式，都可以轻松招待客人。

▶ 座椅至关重要。座椅越舒适越好。如果空间紧凑，可以选择折叠式座椅。

▶ 椅垫会增加舒适度，还可能和空间的其他区域相匹配或者色彩互补。

▶ 开始准备桌布：日常使用的打蜡油布，或是作为炫彩餐具和瓷器背景的清爽埃及棉布。

▶ 可以考虑选用大量蜡烛，低调的茶灯或几枚烛台，打造浪漫时刻。

城市中的乡村风　上图
漂亮桌布，简单瓷器，粉紫色座椅靠垫、喷漆地板相比显得非常低调，但在厨房或餐厅中却是非常诱人的。复古瓷器巧妙地摆放在简单的木制搁架上。搁架粉刷成白色，凸显餐具的光芒。

"悠闲轻松的家取材于现实生活，是设计的一部分，将古老与新颖、奢华与平凡、传统家具装饰物与儿童画作融为一体。在家里，可以赞美出乎意料之外的不完美、可以和朋友、家人欢聚一堂，而不用担心凌乱的室内装饰！"

设计师：阿特兰塔·巴特利特
（Atlanta Bartlett）

低调的优雅

在安娜－马林·林德·格伦（Anna-Malin Lindgren）瑞典的家中，根据访客的人数决定是否伸长折叠餐桌。白天，桌子用于工艺制作；夜幕降临，朋友们欢聚一堂时，与花园中的鲜花、蝴蝶、玻璃装饰为伴，共进晚餐。手杖和金属座椅营造出休闲的氛围。

"留心杂乱无章。厨房里设有较少的高质量装饰品，更能打造优雅、气质。再看一眼摆放在台面上"活着"的东西。少即是多，千真万确！"

厨房设计师：苏珊·塞拉
（Susan Serra）

"我做饭时，朋友们在厨房里放松，享用饮料和开胃菜。舒适的座椅和准备食物的岛台让大家在我做饭时可以互动。"

设计师：费尔南达·博洛特
（Fernanda Bourlot）

锌之魅力　左下图
这间哥本哈根的餐厅拥有复古锌桌。这是一个令人惊讶但效果绝佳的餐厅。客人可以在比欣赏迷人的瓷器藏品。

客人风格　右下图
隐藏在厨房一角的是两个小型开放式搁架单元，用于形成即兴的饮食和聚集区。酒吧椅鼓励客人停下来并逗留。

社交型厨房

当厨房成为客厅或餐厅不可或缺的空间时，最好的装饰技巧是将它们作为社交空间融入其中，而不是过多凸显它们。橱柜色彩可以与墙面及天花板一致，同时可以在客厅和厨房中挑选出强调色，起统一空间的作用。瓷砖或其他防溅板选择与墙壁一样的色彩，同样可以起到统一空间的作用。

这间厨房是备受追捧的开放式客厅的一部分。客厅全面打造有趣的活动区域，并且每部分区域都有不错的效果。这间厨房的主人是 Pal + Smith 的经营者马克和梅莉莎·帕拉佐。他们设法在房间的一端打造出整洁的厨房，将所有的功能设施都隐藏在一侧。厨房面积宽敞，但绝不会占用或妨碍客厅。深岛橱柜既可作为早餐吧和收纳空间，也可作为屏风。

"我喜欢我们的家，因为我们创造了一个既适合居住，又适合娱乐且通风效果绝佳的环境。"

梅莉莎·帕拉佐
（Melissa Palazzo）

岛台女王　左下图
超级时尚的白色木岛台选用厚实的锌制台面，完美迷人，但并未成为休闲实用的厨房焦点。岛台深度足够，拥有充足的座位和收纳空间。

观景房　右下图
乍看之下，绝不会发现一楼的开放式厨房。白色墙面和地板为棕色、钢铁色和柑橘绿配色方案铺平道路，有助于隐藏厨房。

"我将这张有机餐桌设计为空间基石。"

梅莉莎 · 帕拉佐

时尚餐厅　左图
这张餐桌是轻爽餐厅的重中之重，搭配不匹配的复古座椅以及充足的内置收纳空间。照明由顶部吊灯、定制壁灯和柜内聚光灯组成，实现最大程度的灵活照明。

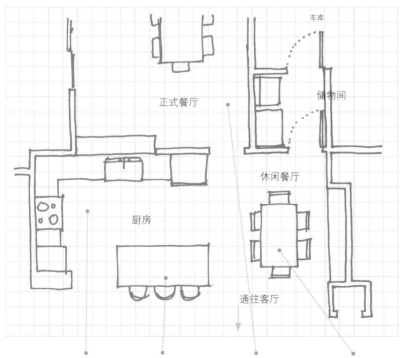

正式餐厅

车库

储物间

休闲餐厅

厨房

通往客厅

将厨灶、水槽和洗碗机隐藏起来，避免在客厅其他地方看见它们。

低调的功能型岛台兼具收纳、休闲为一体。

更正式的餐厅在前面，可通过墙上的开口轻松地进入厨房。

餐桌紧邻厨房摆放，可供休闲娱乐及其家人共进晚餐。

岛台设有座位，几步距离外摆放着餐椅作为补充。因此，娱乐活动非常轻松。客人可以轻松地从客厅走到以岛台为中心的会客区；厨师在烹饪后去就餐。

从客厅看到厨房在是一面开口的墙，可以看到餐厅以及展示日常瓷器的整洁厚实的搁架。表面光滑的不锈钢冰箱将大量自然光线反射回客厅。深色木质底座完美回应一楼的其他地方、天花板横梁、室内装潢及楼梯的深色木材。

因此，厨房可以包罗万象，还设有更深的收纳柜和壁挂式橱柜。餐厅侧壁上安装了磨砂镶板。粗糙的木制餐桌和复古餐椅打造就餐区梦幻般的焦点。

一楼全铺混凝土地板，这是将每个区域锚固在共用空间内的好方法；客厅铺设动物毛皮地毯区分休闲区。

客厅

和其他房间相比，客厅才是安乐窝、避难所，一个能完全反映个性的空间。无论是炫彩风还是乡村风，复古休闲风还是现代魅力风，客厅总是能够让人放松身心，享受与家人、朋友在一起的轻松时刻，或是独处，品味自己的时光。

但是，不管如何装饰空间，都需要确保是适合自己的，可以反映出个性和喜好，并且不会影响放松休闲。如果有小孩，可能希望少购置新家具，多套可清洗的布艺品。因为色彩、图案和织物都是临时改变客厅外观的完美装饰物。

客厅设计需要结合家具。是否继续使用现有的沙发和座椅，或者是否放弃沉闷的设计，购置新家具，复古沙发或简单时尚的现代座椅，让现有的空间生气盎然。咖啡桌、收纳柜、家庭娱乐设施则是其他需要考虑的关键。

改变矩形布局。请考虑客厅中的家具布局。在焦点区域如壁炉、大咖啡桌、地毯周围或者屏风一侧打造休息区。可以将独立座椅倾斜摆放或选用 L 形沙发变化造型。如果空间允许，可以考虑拉入或拉出家具

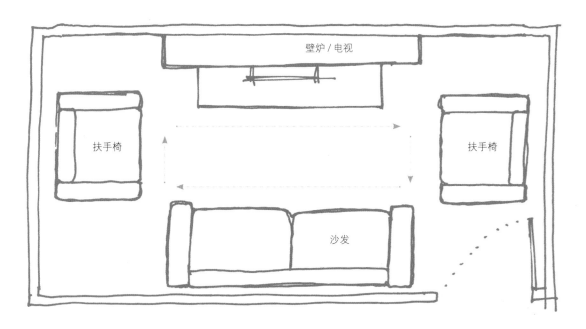

壁炉 / 电视

扶手椅

扶手椅

沙发

舒适、快乐　右页图
巧妙搭配组合动物皮毛，营造温暖的感觉。舒适的白色沙发和宽敞的锌桌、简洁的金属窗框线条以及充足的自然光线形成鲜明对比。埃米·诺恩辛格洛杉矶家中的这张白色沙发营造出简朴的待客之风。

"通过个性化定制，人们可以处理来自尴尬空间的挑战、收纳或色彩等次要问题。如果预算不是问题，那么可以打造想要的设计效果，而不必妥协。这就是最极致的奢华。"

时尚作家：托里·梅洛特
（Tori Mellott）

L 形客厅　左上图

L 形沙发是舒适怡人的休息区。单张椅子对角摆放，紧邻壁炉，环绕客厅。长方形咖啡桌下方铺着动物皮毛地毯，打破沙发和家具之间僵硬的动线，并在客厅中央打造焦点。

U 形客厅　右上图

在方形客厅中，中央 U 形家具布局围绕中央焦点，打造私密休息区。沙发两侧的椅子功能多样，提供休息空间。咖啡桌非常适合作为焦点；大理石桌在大量色彩中脱颖而出，打造出中性焦点。

家具规则　右页图

有时，家具本身可以作为焦点。在家具相对较少的空间里，两张黑色现代沙发成为改造的工业建筑的主要视觉焦点。白色地毯可以柔化混凝土地板，但是视觉焦点仍旧是沙发。

客厅布局

在客厅中打造和谐、平衡的色彩

打造舒适房间就是将很多不同元素汇集在一起，相互协作。在决定设计方向前，首先需要确定家具的摆放、面积、平衡性、色彩和内饰，可以将自己的想法记录在方格纸上。

"客厅是社交空间，所以需要藏起电视，并至少有三个座位：沙发和另外两个座椅。"

室内设计师、博主：
马克斯韦尔·吉灵厄姆-赖恩
（Maxwell Gillingham-Ryan）

现代简约风客厅

拥有 20 世纪中期家具的客厅是现代简约风的居室典范，装饰低调、线条简洁，同时引入图案造型。

利用色彩和纹理的分层进行装饰，营造舒适氛围。纺织品设计师阿姆斯特朗巧妙组合活力四射的蓝绿色、重点面料和设计，与房间、木地板、木框家具、艺术品和沙发垫上的秋季自然色调形成互补。羊毛地毯上摆放着绳织蒲团，营造出温暖的氛围。

通常，简单空间和木地板更容易堆满家具、引入大量色彩及物品。但是，请精心挑选优雅家具，向 20 世纪中叶的设计致敬，而不是盲从、随大流，如同历史设计手册上的产品。墙面设计尽量保持朴素，但是可以选用复古玩物的图片和阿姆斯特朗自己设计的图案造型。

Roddy&Ginger 织物印刷公司经营者维尔吉尼娅 · 阿姆斯特朗（Virginia Armstrong）将她面积最小但舒适的客厅改造成轻松、功能明确的空间。她认为不需要将装饰复杂化。这种风格的客厅适用于狭小的空间以及拥有焦点的房间，比如整洁的壁炉、设有落地窗外露砖墙的特色墙。

"我喜欢收集藏品但讨厌杂乱无章，所以在营造干净、平静的客厅时，我对汽车行李箱货物大出售及跳蚤市场的痴迷之间创造平衡总是挑战连连。"

维尔尼娅 · 阿姆斯特朗

"我是纺织品设计师，迷恋色彩和图案，以及它给简单空间增添的温暖和个性"

维尔尼娅 · 阿姆斯特朗

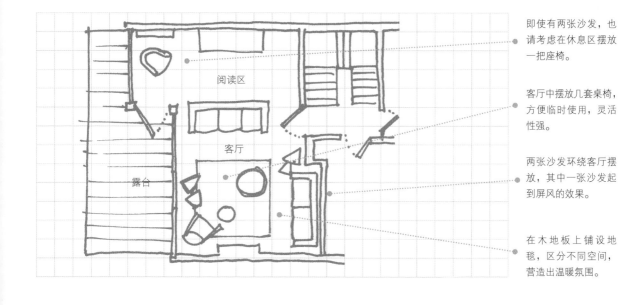

阅读区

客厅

露台

即使有两张沙发，也请考虑在休息区摆放一把座椅。

客厅中摆放几套桌椅，方便临时使用，灵活性强。

两张沙发环绕客厅摆放，其中一张沙发起到屏风的效果。

在木地板上铺设地毯，区分不同空间，营造出温暖氛围。

秋色阴影　左上图

融合森林褐色与叶绿色，然后在其中
增添温暖的绿松石色，在强调平实舒
适的房间里营造出温暖的色调。棕色
在较浅、较亮的色彩中效果最佳。

丹麦舒适风　右上图

丹麦风的现代安乐椅上铺设有羊皮毯，
紧邻观景窗，打造温暖的休息区。其
上方是一个造型独特的展示架，摆放
着个人藏品，洋溢着快乐的气息。

完美客厅　线条简洁　下图

客厅光线充足，设计简洁但不失魅力。
客厅完美无瑕，引人入胜。这里宁静
祥和，一定可以在此得到充分的休息。
一天的忙碌之后，这里是放松身心的
绝佳场所。

时尚优雅　左上图

带有时尚沙发腿的沙发格外优雅，适合小空间。这款沙发占据空间更小，其下方的空气流通顺畅。

复古舒适　右上图

传统沙发与复古灯具、现代书架相结合，堪称打造时尚房间的混搭风典范。

现代皮革　下图

皮革座椅上装饰有羊皮及趣味纹理，营造出温暖的氛围。这款迷人的金丝锦缎靠垫能够反射出色彩。

客厅座椅

将座椅视为装饰工具
和功能性物品

"房间真正美丽
之处在于细节。
选用喜爱的物品，
提升房间档次。"

设计师：纳特 · 贝尔库斯
（ Nate Berkus ）

沙发和座椅的样
式、材料多种多
样。如果仅使用座
椅、织物和垫子，
那么想象力则会
影响房间设计。

完美配对

这对 20 世纪 50 年代的简易
座椅上装饰有卡布奇诺色调
的面料，和大理石石膏壁炉
优雅补充，带来舒适感和缤
纷色彩。

"放松空间的关键因素是灯光和座椅，几乎和其他设施一样，能够带来绝佳体验。家具面料织物的选择要比大多数家具的选择更为用心。它必须非常舒适，同时还必须看起来要出类拔萃，能够吸引入座。"

家具设计师：拉塞尔·平奇
（Russell Pinch）

装饰座椅

▶ 椅子打造视觉焦点，吸引眼球，其防护罩上标有设计标签，自信满满、气宇轩昂。

▶ 如果预算有限，无法承担设计费用，可以考虑购置仿制品，节省成本。许多20世纪50-60年代的经典作品都有低于收藏家拍卖价的仿制品。

▶ 常用座椅的选择，舒适性应该优先于风格。但是，选择偶尔使用的座椅或沙发时，可以考虑独特另类风。

▶ 如果有一张最爱的座椅或沙发，请接受它会影响空间整体感觉的可能。无论它是皮革材质，还是现代木质材质，还是乡村舒适装饰风格的软布材质。

▶ 有时，房间需要一把椅子，起到画龙点睛的作用。可以从网上或跳蚤市场寻找那把特别的椅子，重新装饰、修复为其喷漆，使其完美契合自己的装饰风格。

▶ 不要忘记细节，管道、靠垫、枕垫和地毯都能提升最爱的座椅色泽、舒适度和魅力。

▶ 靠垫可以选择简单的正方形织物，也可以选择复杂的手工创意刺绣或挂毯。享受寻找喜爱靠垫的过程，并且留出时间给自己设计原创作品。

正式扶手椅　上图
这款黑色真皮高级扶手椅风格高雅，极致舒适。它在随意展示的艺术品中成为视觉焦点。

七十年代的魅力　下图
这把由乔纳森·阿德勒（Jonathan Adler）设计的奇彭代尔（Chippendale）扶手椅上粉刷橙色做互补色；他设计的Mod Model靠垫则营造出20世纪70年代的氛围。

至纯至白　左上图

这款现代舒适沙发上铺着中性互补色的羊毛毯和手工靠垫，证明白色并不总意味着凉爽。

低调中性　左下图

有时，沙发最好选用低调朴素的色彩和装饰风格，打造房间内的其他装饰性元素：陶瓷、艺术品、地毯和家具成为焦点。

花卉一角　右上图

选用不常见的面料，翻新复古玩物。这款20世纪中叶的扶手椅选用花卉面料重新装饰，打造出一把温馨舒适的椅子。

凉爽角落　右下图

在拥有物品色彩绚丽、墙面色彩中性的房间里，这款重新装饰的扶手椅上摆放着精美的靠垫，位于安静的角落里，营造出编织羊毛和传统风的舒适感。

舒适奢华风客厅

在家中留出休闲娱乐的空间堪称人生一大乐趣。可以将餐桌摆放到现有空间中，如厨房或客厅；或者在空间允许的情况下，可以兼顾休闲、娱乐或舒适创意的餐厅；或者还可以设计一个房间，白天开展活动的，夜晚招待客人就餐。

国际化妆品公司副总裁克里斯汀·多纳诺不管突然造访，还是赴约宾客。她和她的金融家丈夫马佐克·巴德尔（Marzouk Al-Bader）将几间伦敦肯辛顿破旧公寓成功改造成他们的住宅，并且享受其中。他们在客厅对面成功打造出多功能厅，兼顾餐厅、图书馆，三个孩子做功课的空间以及远离正式客厅的舒适休闲空间。这一切显得优雅轻松。大型门上衬有宝石蓝天鹅绒和黄铜铆钉，瞬间提升空间的奢华感。门内摆放着路易十六风格的仿制椅，装饰有黄色皮革。"我知道我想要黄色的椅子，"克里斯汀解释说，"但是我丈夫需要的舒适感也是重中之重。所以，我们是完美的装饰居室好搭档。"

色彩完结曲
克里斯汀·多纳诺（Christine d'Ornano）
游历美国、墨西哥和法国等众多城市，已经具备一种对色彩与生俱来的直觉。家中的每一个房间均能体现出她对色彩的谨慎使用。

角落

放松舒适是这栋肯辛顿住宅的关键元素。复古的边桌为临窗的传统舒适沙发增添魅力，放置在临窗的位置白天光线充足。

和很多伦敦肯辛顿居民不同的是，他们没有聘请设计师帮忙设计方案。克里斯汀和她丈夫享受共同装饰家居。"马尔祖克眼光不错，他为前客厅的墙面选择了亮漆灰色；我为沙发选择了粉色亚麻布。我们共同决定是否购买某件家具，不会经常出现装修败笔。

客厅布置巧夺天工，完美搭配新旧家具、现代艺术品和物品，营造出舒适怡人的氛围。客厅墙上悬挂加里·休姆（Gary Hume）和特蕾西·英明（Tracey Emin）的现代艺术作品；休息区设有一把 Joe Colombo 白色椅子和一把 Gerrit Rietveld 红色椅子，摆放在 André Dubreuil 凳子两侧，还有一块克莉丝汀的母亲伊莎贝尔（Isabelle）缝制的挂毯。

优雅餐厅　左图
圆桌非常适合非正式娱乐活动，还可以给小型家庭聚会创造轻松、亲密的感觉。这个餐厅中的书籍触手可及，因此该餐厅还兼做家庭阅览室。

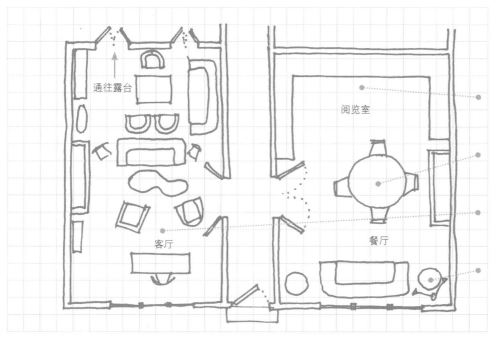

开放式搁架用于展示书籍；橱柜则存放孩子的工艺材料和餐具。

圆桌节省空间，同时还在房间中央创造出温馨、休闲的就餐区。

从双扇门外可以看到客厅、图书馆或餐厅；从餐桌上可以看到舒适的休息区。

复古家具魅力非凡，与传统沙发和现代餐桌完美结合。

"家具是我们共同决定购买的。如果我们其中一方不喜欢某件物品，我们都不会购买它。但是，通常来说，我们品味相投。"

克里斯汀·多纳诺

舒适休息区
客厅设有充足的休息区，因为这是访客集中的地方。克里斯蒂娜说："只有人太多，椅子不够用的情况下，我们才使用拉兰尼小鳄鱼椅救急。"

户外客厅

拓宽室外会客区域，轻松装饰完美空间

打造一个户外房间是拓宽生活空间的好方法。它既可以像用于户外就餐的露台一样简单，也可以像多层休息兼娱乐区一样复杂。

根据当地的气候以及可以在户外布置的物品来装饰空间。可移动垫子可用于炎热和寒冷季节，因为它们可以根据气候变化，随时搬至室内。需要特别留意木制的家具，避免其受潮。

可以在露台台阶上使用固定灯具照明或者在夏季的特别派对上临时搭建灯串。享受装饰的乐趣，尝试选择适合布置方案的色彩。

"如果想用有限的预算内打造即刻效果，尝试使用单一配色，确定所有布艺品和谐统一。可以选择一种基础背景色和两种强调色，并且尝试只使用这三种色彩。"

设计师：塞莱里 · 肯布尔
（Celerie Kemble）

热带度假休闲　左下图
橘郡的一处花园中，设有竹林休闲区，里面摆放着舒适的木制低矮躺椅，配有宽敞的绿色凉席。

地中海风露台　右下图
舒适露台的灵感来自地中海，两侧种植有果树和九重葛。石雕槽中绽放着娇滴玫瑰，芬芳怡人。

凉爽西海岸
两张 20 世纪 60
年代的金属桶形
座椅、足球游戏
桌、花环状裸灯
泡，背靠着郁郁
葱葱的棕榈树，
堪称凉爽海岸线
生活空间的典范。

卧室

卧室不仅是休息的地方，而且人生中相当长的一段时光是在卧室度过的。所以，请以令人舒适和放松的方式装饰卧室，这一点至关重要。

在家具布局方面，卧室比其他房间缺乏灵活性。大多数卧室中，床是重点，所以考虑是想突出还是掩饰它至关重要。收纳是卧室中另一个重点。衣服、鞋子、外套等都需要收纳。即使在狭小的空间内也是如此。因此，需要创造性地安排收纳衣物的方式和地点。无论选择哪种装饰风格，首先需要绘制空间平面图，然后确定的物品摆放区域。

睡眠区关乎床和收纳空间。无论是设计新卧室还是重新改造现有卧室，都需要重点考虑以上两点。床头板、床品和床的类型是比较重要的方面，因为床的外观很可能是影响房间感觉的最大因素。

完美配件　经典布置：床、衣柜、抽屉柜和梳妆台共同构成菱形造型，是打造最佳卧室设计的基础。空间不足时，可以只布置床、衣柜和抽屉。梳妆台可以利用抽屉柜的台面。在狭小的空间内，甚至可以仅布置床和衣柜。

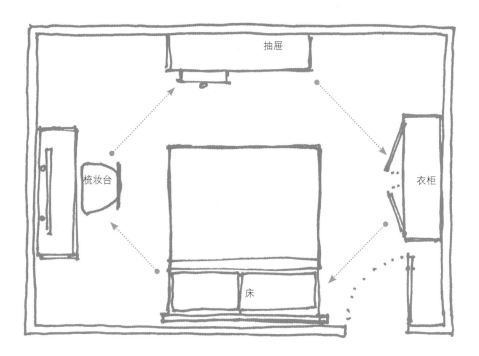

抽屉

梳妆台

衣柜

床

火红的时尚　右页图
乔纳森·阿德勒（Jonathan Adler）和西蒙·多南（Simon Doonan）将床嵌入法式风亚麻织物的壁龛中。灯罩和壁橱面板是同一织物，营造出和谐统一的感觉。

"我喜爱简单或完美地设计一间卧室，如果有柔软的枕头和漂亮的床单，带有调光器的灯和一瓶鲜花，就有了一个避难所。"

设计师：塞莱里·肯布尔

卧室布局

玩转尺寸，创造有趣浪漫空间

打造床周边布局，提升床的美观
或者装饰不起眼的床。使用床罩、
靠垫、枕垫和床头板，设定场景
基调，同时利用色彩凸显床的特色，将其打造成房
间的核心。最重要的是将卧室设计成平静而富有感
性的地方，一个每晚可以很快忘却白天纷扰的地方。

"我到悉尼公寓时，携带了一个手提箱，
里面有头巾、一双鞋和一些指甲油。我
卧室的灵感就来自以上物品。"

设计师：玛丽·尼利尔斯
（Marie Nichols）

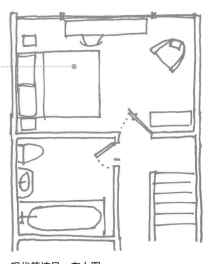

现代简洁风　左上图

床临窗摆放，住户可以透过大窗欣赏
白天或黑夜伦敦天际线的美景。20世
纪中期设计的梳妆台整齐地放在窗户
下面，不会阻挡视线；床头柜也是低
矮的。

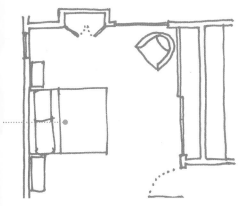

柑橘色和覆盆子色　左页图

阳光明媚的卧室中，色彩将几种不同
的元素融为一体。石灰色枝形吊灯与
位居中央的床同时成为焦点。Vogue
杂志封面、床上方的画像、床品和地
毯都可以看到柑橘绿的身影。

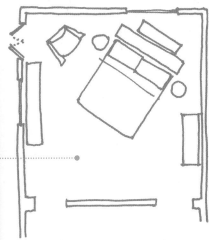

角度分明 尽显优雅　左下图

灰色软垫床宛如漂浮在阁楼中。床头
部分的墙面后方设有收纳空间。床摆
放呈角度，增添些许视觉趣味。此外，
床铺面料也柔和了工业风的居室空间。

床及床品

选择用装饰客厅沙发的方式装饰床

不论是四根帷柱的床、船舱床、软垫床还是木质雪橇床，它们的设计风格需要融入空间，最好的床总是给人自在的感觉。请浏览相关杂志和网站，了解所有不同类型床的信息。测量空间尺寸，决定适合多大的床，然后再考虑如何装饰。

航海系列床品　上图
客卧需要采用紧凑型的收纳方法，以及整齐、简洁的床品。
蓝白相间的棉质组合总是清新而具有吸引力。

小房间里，简朴的沙发床通常是最好的选择，因为它占据更少的空间。如果没有足够空间放置尺寸合适的衣柜，也可以考虑船舱床或床下设计有嵌入式收纳空间。朴素的四根帷柱床适合全白卧室，而木制床头板及床架底部的竖板设计最合适身材不太高的人士。

装饰床铺

▶ 如果选择单色床品，尤其是白色，那么可以铺上人造皮毛毯，增添趣味。

▶ 在朴素的床两侧各摆放 2-3 三只大小不同的枕头，凸显其特色。最小的枕头可以选择不同的色彩。

▶ 层层纹理营造出奢华感，例如饰有马海毛的光滑缎面床罩或者饰有精美亚麻流苏的白色埃及棉。

▶ 被子本身就是一大特色。在卧室中，手工拼布被子，条纹或格子被子一定会脱颖而出，吸引眼球。

▶ 床头板可以是特制、定制或覆盖织物，营造出恰当的感觉。

▶ 床上用品是生活必需品之一，也是生活奢侈品之一。可以选择字母组合图案的床品或经特殊处理的刺绣床品。

"卧室中的五大要素：超棒阅读灯、精美床品、梳妆台、艺术品以及床下柔软的地毯。"

设计师：鲁茨 · 萨默斯
（Ruthie Sommers）

优质睡眠
利兹 · 鲍尔（Liz Bauer）采用纽扣式白色丝绸制成的褶皱形状床头，为其公寓卧室的白色字母床上用品提供了奢华的背景。在狭小空间中更具吸引力，因为它略微出乎意料。

卧室收纳空间

卧室收纳的重点是确保所有衣服和鞋子都有足够的空间。但这不代表有标准统一的解决方案。如果有不规则或大面积空间，那么也可以聘请工匠，根据设计方案打造收纳空间。

荷兰设计师斯蒂芬妮·拉梅尔洛（Stephanie Rammeloo）的时尚住宅是由一座小学改建而成的，其中的收纳空间，设计师交由他人定制而成。"当初买下它时，它有两间教室，其相邻的墙面已经被拆除；还剩余部分走廊、三间小厕所和一间储藏室。我认为这是将想法付诸实践的好机会。我可以深入了解其中的精髓所在。"斯蒂芬妮说。

> "如果美丽的东西引起我的注意，它就会在我的家中找到自己的落脚点，仿佛是不请自来。"
>
> 斯蒂芬妮·拉格尔洛

冷蓝色系　左下图
斯蒂芬妮按照具体尺寸，请人定制了落地储物柜。对于比例不协调或非标准空间来说是个好主意。浮雕图案是在喷漆前添加上去的。

收纳凹处　右下图
全新隔断墙上设计有独立小凹处，整整齐齐地展示斯蒂芬妮的陶瓷藏品。此外，还有更多可以摆放鞋子的搁架，其高处需要爬梯抵达。

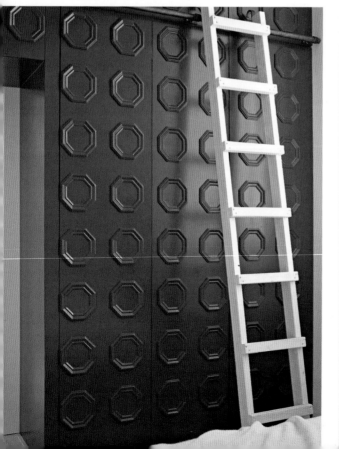

"我比搭档阿努德（Aernoud）更爱整洁些，所以我决定在卧室和走廊设计大橱柜，摆放杂物。我喜欢空间感，也喜欢轻松走动，拥有挑高空间，便于思考，易于发挥创造力。这栋住宅通风良好、楼层挑高，以上两个目标均得以实现。"

嵌入式收纳不代表一定无趣。"我在工作中经常使用浮雕图案，我真心喜欢它。所以，我希望也能将其运用在我们的住宅中，"斯蒂芬妮说。"白色门上的图案由一层或两层胶合板粘贴制成。木匠将现成装饰品切成八边形，然后粘贴在蓝色门上。"

白色浮雕　左图
卧室外的存储区设有高耸的落地橱柜和搁架，摆放衣服、鞋子、隐藏电线以及收纳头发定型用品。

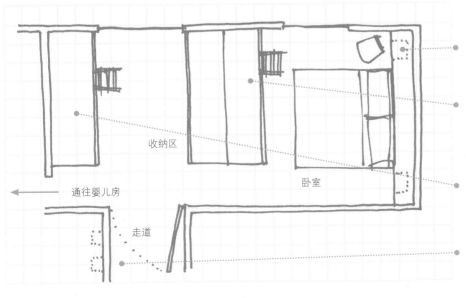

沙发床后设计有小凸起、小凹角，打造成收纳、展示空间。

大型落地橱柜充分利用挑高天花板，而不过多占据地面空间。

卧室内的蓝色浮雕橱柜前面设有一排扶手以及可移动梯，方便使用。

尽管拥有储物柜，但是不会遮挡走廊直至其尽头窗户处的视线。

收纳区

卧室

通往婴儿房

走道

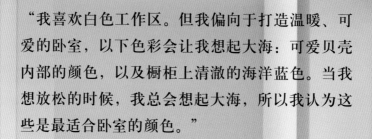

"我喜欢白色工作区。但我偏向于打造温暖、可爱的卧室，以下色彩会让我想起大海：可爱贝壳内部的颜色，以及橱柜上清澈的海洋蓝色。当我想放松的时候，我总会想起大海，所以我认为这些是最适合卧室的颜色。"

斯蒂芬妮·拉梅尔洛

炫彩卧室
水粉色卧室温暖、封闭，摆放着简朴沙发，其上铺有羊毛毯，可爱迷人。卧室里的储物柜容量大，无需添置新家具，反而适得其反。

卧室家具

布置睡眠区的好方法

考虑可能需要的家具类型，确定个人卧室风格；然后寻找关键元素，打造期待的效果。

> "我为每一个由自己设计的家都定制了储物沙发和脚凳。这对于卧室和小型空间来说，是必不可少的双功能家具。"
>
> 设计师：卡希·李
> （Kahi Lee）

舒适的角落　上图
这间时尚柔美的卧室选用整洁的灰色床头板，完美搭配床上用品和灯罩。简朴的床头柜上设计有多层搁架，功能强大。

浪漫乡村风　下图
白色复古橱柜是全白乡村风卧室的不错的选择，同时复古画作和古董椅增添了丝丝魅力。

睡眠、收纳必需品

▸ 如果想将所有衣服、鞋子存放在同一地方，那么专门的收纳空间是不错的选择。可以将过季衣服存放在额外空间。

▸ 堆叠所有衣服，计算需要悬挂的衣服以及需要摆放在抽屉里的衣服。请记住随时记录并丢弃超过一年未穿的衣服。

▸ 更别致的方式：请留意复古抽屉柜、搁架橱柜和梳妆台。它们既美观，又可以成为实用的收纳柜。

▸ 通过喷漆面板，添加墙纸或网状嵌件，更换门把手或添置特色手柄的方式，个性化定制现有的嵌入式橱柜或独立式家具。

▸ 请注意床尾的脚凳或沙发脚凳。可以选用更为现代化的织物面料重新装饰。

▸ 床头柜可以选用带抽屉的简朴木桌、现代有机玻璃立方柜或圆形梳妆台。

▸ 安乐椅是不错的选择，不仅可以暂时存放衣服，还可以作为坐下来阅读或擦干头发的地方。

翻新物品　左上图

选用独特传统元素，完美融入现代空间。这款 20 世纪 30 年代风格的座椅采用绿色布料重新装饰，同时重新粉刷成鲜艳的紫罗兰色。

绿松石色展示橱柜　左下图

小卧室中，选用木质展示橱柜，兼做亚麻布收纳。在床装饰得低调的情况下，色彩宜人的家具打造成居室焦点。

时尚复古　右上图

在跳蚤市场和复古店铺很容易找到小梳妆台。选购它们扮靓卧室，营造休闲风格。

现代传统　右下图

这款 18 世纪经典法式家具采用现代风格设计，拥有曲折的线条和时尚光洁的白色表面，非常适合现代空间。

卧室套房

设计套房可以简单打造小淋浴房，也可以设计成集更衣室、浴缸和淋浴房为一体的空间。无论拥有什么样的空间，或者打算做什么，都要在重要的卧室投入一些家具和装饰。

克里斯汀 · 多纳诺（Christine d'Ornano）家中卧室的床头板和四面墙均选用色彩艳丽的 Osborne & Little 面料和墙纸。克里斯汀在巴黎长大，赴美国普林斯顿大学接受教育，还在墨西哥度过了一段时光。多纳诺继承了父母对家具和装饰品的热爱，她的父母一直是敢于冒险的装饰者。

"当我规划设计房间时，我知道我想要在墙面和地板上采用艳丽的图案。我喜欢最终呈现出来的效果，它让我嘴角上扬。"

克里斯汀 · 多纳诺

无缝连接　下图
这间卧室装饰水平较高，很难分辨出床和墙面交接之处。乔纳森 · 阿德勒（Jonathan Adler）设计的靠垫给床本身增添了一丝诙谐。

她喜欢墨西哥的鲜艳色彩，选用法国风情墙纸，而且不惧怕大胆设计。

"我父母装饰居室时，选用大量色彩。因此，这也是我大胆设计的来源，"克里斯汀说，她的父亲休伯特多纳诺伯爵（Comte Hubert d'Ornano 与母亲伊莎贝尔共同创立兰蔻、Orlane。 1976 年，他们创立了希思黎。"我的父母总是共同做出装饰决定。我和我的丈夫马祖克（Marzouk）传承了这一传统，并且享受其中；在装饰决策方面，我们是完美组合。"

首先，这是一个家庭住宅，几乎每个房间都有三个女儿的画作和绘画。尤其在卧室里，照片和绘画简单固定在床两侧的墙上。它们给炫彩空间增添迷人气息。

床边故事　左图
床头柜上铺设透明玻璃台面，紧邻床铺，在缤纷图案中营造出空间感。卧室墙面摇身一变，成为微型家庭画廊。

美好沐浴　右页图
浴缸摆放在大型落地窗下方。从更衣区和卧室中均可瞥见浴室。儿童艺术品轻松打造窗台展示品，完全契合装饰风格。

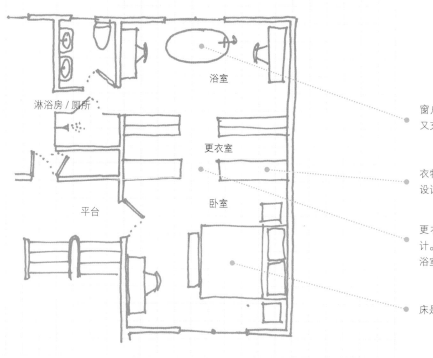

淋浴房 / 厕所

浴室

更衣室

平台

卧室

窗户下方的椭圆形浴缸既打造成焦点，又充分利用空间。

衣物收纳占据三面墙，采用"图书馆式"设计，避免过多自然光线照射进更衣室。

更衣室和浴室的入口处采用敞开式设计。因此，远处的床上可以瞥见诱人的浴室和窗户。

床是卧室的主要焦点。

"我喜欢沐浴在阳光下。这是忙碌家庭生活的安静片刻。"

克里斯汀·多纳诺
（Christine d'Ornano）

卫生间

和厨房一样，规划设计卫生间之前，需要考虑关键设计元素。首先，需要保持卫浴设施和配件（盥洗池、浴缸、坐便器）之间可轻松抵达。卫生间面积充足时，请隐匿坐便器，只保留浴缸、淋浴房或盥洗池，使其成为空间焦点。

照明在卫生间中至关重要。确保盥洗池上方的镜子照明充足，令人赏心悦目。避免使用过于刺眼的光线，可选用蜡烛或灯笼营造轻松氛围。在卫生间中，充足收纳空间同样至关重要。请将洗漱用品放入复古橱柜，安装抽屉或收纳篮。在狭小的空间内，请充分利用墙面空间，避免地面杂乱无序。

完美设计卫生间，使其兼具功能性和实用性，同时不失风格。或许，还可以为空间增添些许魅力。决定偏好使用步入式淋浴房还是更愿意将精力集中在浴缸设计本身上。有多少人会使用这间卫生间？需要独立淋浴房还是有浴缸的淋浴房呢？

环形布局　即使在面积最小的卫生间中，人们也可以在各种卫生洁具之间自由走动。盥洗池、浴缸、淋浴房和卫生间之间应该轻松抵达，不受阻碍。这就像厨房中的经典三角布局一样，运作良好。

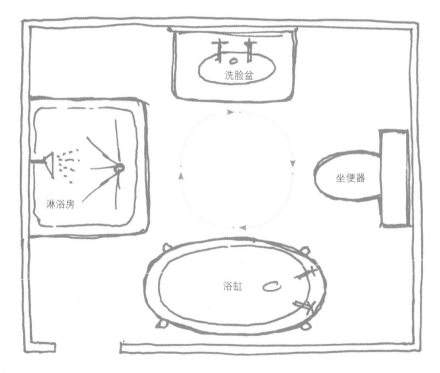

洁白　右页图
麦瑞德·范宁（Mairead Fanning）的伦敦家中，卫生间是全屋焦点，好似一间时尚水疗中心而非家庭卫生间。卫生间面积虽小，但采用趣味性元素，如蜂窝状瓷砖和简洁学校风地垫活跃氛围。

"混合搭配传统瓷砖与现代浴缸或传统浴缸与低调瓷砖，营造出浅中性色调卫生间的视觉趣味。选用彩虹色马赛克小砖，半高镶板，在精简空间内打造吸引人的结构。"

费尔德·俄耳斯

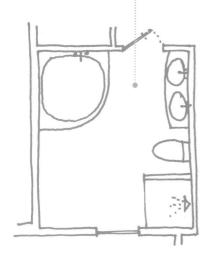

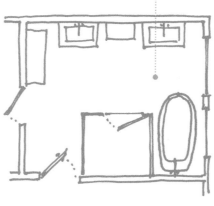

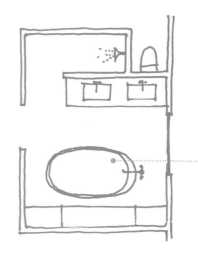

角落里的水疗中心　左上图

这间住宅中，角落浴缸安静地摆放在楼梯下，利用尴尬空间，营造舒适沐浴角。天蓝色马赛克瓷砖采用高窄底座设计，可隐藏管道，还可提供壁架，用于摆放卫生间配件。角落浴缸是尴尬空间的绝佳解决方案。

复古配对　右上图

在圆形大镜子下方的墙面上打造一对复古盥洗池，选用梯柜将其隔开，营造复古氛围。在白色马赛克瓷砖缝隙间抹上灰色胶泥，仿佛回到学生时代的卫生间。在大面积家庭卫生间中，选用独立淋浴房和浴缸意味着同时沐浴的人数加倍。

整洁套内卫　右页图

巧妙利用空间，即充分利用相邻卫生间的同一管道。这间简洁完美的套间设有双水槽洗脸盆，方便使用，避免人多产生纷争；特色浴缸整齐地摆放在附近，方便使用。人造墙后面设有步入式淋浴房，提升隐私感，同时充当屏风隔断。

卫生间布局

创意利用空间　打造梦想卫生间

设计卫生间时，摆脱必须使用的标准化洁具的想法尤为重要。卫生间尺寸、款式众多，需要花时间寻找合适的卫生洁具。

"选择就像肌肉。如果充分利用，就会做出更有力的决定——能够满足需求的决定。"

作家：卡丽·麦卡锡
（Carrie McCarthy）

创意瓷砖

瓷砖和客厅喷漆同等重要。瓷砖——打造完美空间。

瓷砖能够彻底改变卫生间：从纯粹的功能空间变成炫彩避风港或时尚、线条流畅的区域，让人联想到梦幻般的水疗中心。

选用不同瓷砖贴在墙面和地板上，营造出视觉趣味。特别在有淋浴房的情况下，这是一种实用的设计方案。可混搭瓷砖的色彩、样式和尺寸，改变其对空间的影响，或者全铺瓷砖，打造出整洁、凝聚之感。

"房屋转售时，卫生间和厨房是买家最看中的部分。它们非常重要，尤其是设计兼具美观和实用。"

设计师：杰西·兰德尔
（Jessie Randall）

森林绿　左上图
步入式淋浴房内贴有蕨绿色方形马赛克瓷砖，其缝隙里涂抹白色水泥浆，营造出惊艳暖意。瓷砖与天然木材、白色墙面和卫生洁具完美匹配，营造简约但高效的装饰风格。

纹章沐浴　右上图
这间卫生间采用复古风格，混搭复古黄铜卫生洁具和配件，好似罗马浴场。亮橙色和黄铜完美匹配，避免房间陷入海量白色之中。

"卫生间的瓷砖就像客厅里的墙纸；它不仅是一种实用的墙面覆盖物，而且还可以装饰卫生间内的任一边缘，打造轮廓清晰、色彩艳丽的绝美空间。"

费尔德·俄耳斯

"时尚钢制水槽放置在古老的缅甸风格桌子上，让人感觉身处门厅而非卫生间。我希望打造怀旧风格卫生间，同时能够感受出现代韵味。"

设计师：维森特·沃夫
（Vicente Wolf）

黑白相间　左上图
小巧的黑色板岩地板砖与白色 metro 品牌墙砖完美搭配，堪称干净经典的卫生间典范。这种设计既高雅又实用。

悬浮墙
高大底座构成屏风隔断和墙面，内设有定制洗脸盆和梳妆台。墙后面是步入式淋浴房。卫生间空间足够时，设计人造墙是打造不同活动区域的好想法。

盥洗池

选择盥洗池和选择卫生间设计风格同等重要

可以从盥洗池开始设计规划卫生间。可以收集小册子、查看杂志和网站，了解不同造型和不寻常材料的洗脸盆。

如果预算紧张，通常可以选择基本款盥洗池来节省资金。但是请选用高品质水龙头。但是，超大或特别造型的盥洗池肯定会产生与众不同的效果，也一定会因此而压缩其他方面的预算。

首先要考虑这间卫生间的使用人群。小型瓷器盥洗池可能会很美观，但是如果多人穿梭于卫生间，并且在台面上留下水坑，肯定令人懊恼。如果腰背不好，请避免使用低矮盥洗池；如果两人同时准备使用，那么成对盥洗池盆是不错的选择。

复古海岸风　左下图

钢制工业风盥洗池放置于金属窗框旁，毗邻裸露的管道。在埃米·诺恩辛格（Amy Neunsinger）洛杉矶家中的玻璃橱柜中展示了海葵和贝壳藏品，柔和了坚硬的裸露管道。

儿童卫生间　右下图

安妮塔·卡肖尔（Anita Kauschal）伦敦住宅中的儿童卫生间内设有一对小型洗手盆，其高度低于日常高度。儿童卫生间面积紧凑但功能齐全。对于紧凑型空间可以选择看起来不太大的小型洗脸盆。

浴缸

浴缸从独立式到嵌入式不等，
通常是卫生间的焦点

修复破败浴缸，将其打造成令人艳羡的大师之作；或者选用日常浴缸，精心选择配件。

如果更倾向于淋浴而非泡澡，那么可以选择更具设计性而非日常使用的浴缸。所以这一点可能决定浴缸的形状。

通常独立式浴缸最能打造成卫生间的焦点；而嵌入式浴缸则可用在或大或小的空间内，完美契合特定空间或尴尬角落。思考如何设计浴缸。可能希望拥有宽敞空间，收纳洗漱用品，或者利用额外空间，打造鸽笼式瓷砖或木质搁架。

"卫生间选用新颖的方式，完美融合自然纹理和材料。装饰卫生间的方式多种多样，但是我希望将我家的卫生间打造成水疗中心。"

设计师：埃米·巴特勒
（Amy Butler）

经典卫浴　左下图
安妮塔·卡肖尔（Anita Kaushal）的卫生间更像休闲空间，恰好设有传统浴缸，而非提供收纳展示功能的卫生间。卷盖式浴缸的正品或仿制品随处可见，而且可随时进行翻新改造。

纯白空间　右下图
斯蒂芬妮·拉梅洛（Stephanie Rammeloo）位于阿姆斯特丹的阁楼公寓中专门打造板条滑动门，可将自然光线引入紧凑型卫生间。由于浴缸橱柜极其宽敞，所以标准尺寸的浴缸也显得格外宽敞，可在末端提供额外的收纳空间。

观景卫生间
低矮的回收再利用浴缸摆放在观景窗下方。喷漆混凝土地板提升光线效果。

石洗
复古喷漆镜拥有光滑瓷砖表面，与石灰石混合搭配，打造温馨盥洗池。这是新旧材料的完美结合。

埃米·诺恩辛格（Amy Neunsinger）的卫生间魅力无限，拥有时尚线条，选用奢华材料以及特色时期的物品装饰而成。空间焦点是维多利亚式爪足浴缸，其经过翻新，粉刷着浅蘑菇色，与石灰石水槽橱柜完美匹配。水槽区墙面和湿室贴着两种类型的珍珠母马赛克瓷砖。它们反射自然光线，给这两个空间均带来若隐若现的微光。

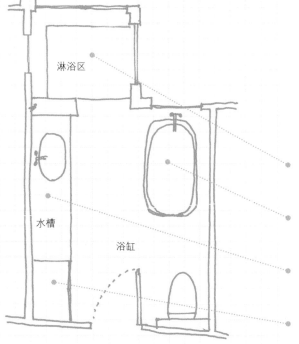

淋浴区

水槽

浴缸

磨砂窗户引入自然光线，充分照射全铺瓷砖的淋浴房。瓷砖低铺区域用于收纳及入座。

进入卫生间，回收再利用的浴缸映入眼帘，特色鲜明。

专门打造的石灰石平板水槽拥有单排抽屉，并且沿着一面墙延伸出去。

宽敞梳妆台下方的织物收纳盒内设有洗浴用品。

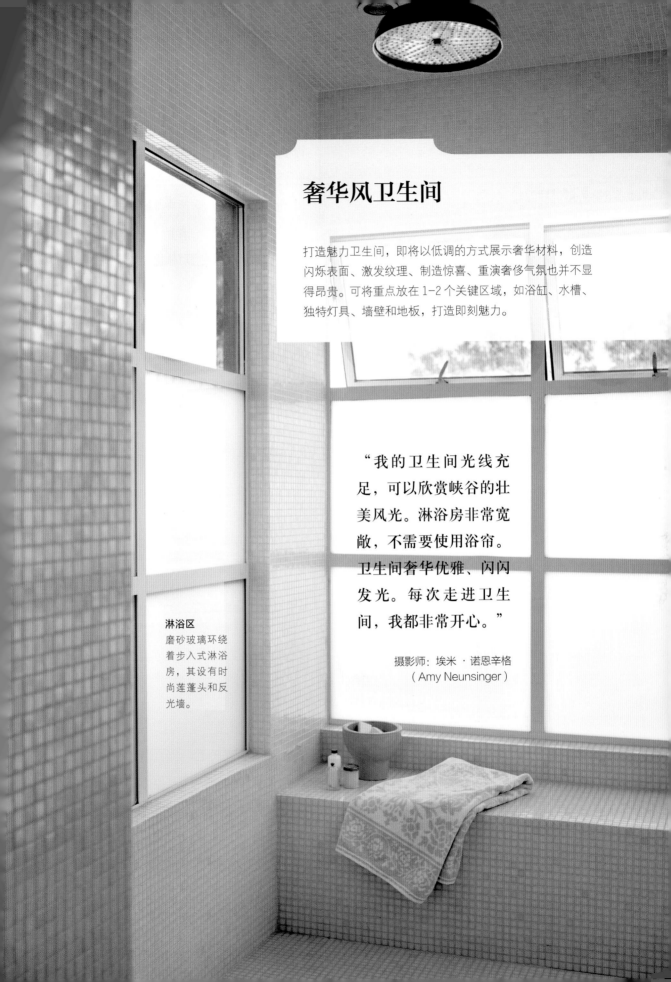

奢华风卫生间

打造魅力卫生间，即将以低调的方式展示奢华材料，创造闪烁表面、激发纹理、制造惊喜、重演奢侈气氛也并不显得昂贵。可将重点放在1-2个关键区域，如浴缸、水槽、独特灯具、墙壁和地板，打造即刻魅力。

淋浴区
磨砂玻璃环绕着步入式淋浴房，其设有时尚莲蓬头和反光墙。

"我的卫生间光线充足，可以欣赏峡谷的壮美风光。淋浴房非常宽敞，不需要使用浴帘。卫生间奢华优雅、闪闪发光。每次走进卫生间，我都非常开心。"

摄影师：埃米·诺恩辛格
（Amy Neunsinger）

儿童房

创建儿童房充满乐趣，是最能满足情感需求的居室装饰工作之一。为自己的孩子设计一个房间。置身其中，表达对孩子的爱。

可以手工制作被子，或在喷漆相框中放入家庭照片或纪念品的拼贴画，或共同展示孩子婴儿时期的足印或手印，第一双鞋或有价值的奖杯。无论触碰内心的装饰是什么，都可以将以上物品摆放在儿童房。可以在儿童房大胆用色，因为孩子喜欢色彩。请设计舒适温馨的睡眠区、儿童玩具的收纳展示区以及适合大龄儿童使用的桌子。

设计儿童房有机会回忆自己的童年，并将记忆中美好的事情传递给下一代。可能拥有特定颜色的抽屉柜或度假纪念品的展示架。请留出空间，和孩子一起成长，享受其中。

成长需要　如果不希望因孩子成长过快而改变房间布局，那么需要花时间考虑从婴儿床、幼儿床、青少年沙发床的过渡规划设计。设计儿童房需要不断变化，并且具备一定的灵活性。因此，设计某一年龄段的儿童房之前，请牢记以上注意事项。

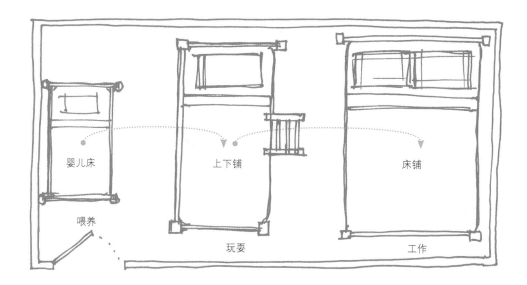

玩耍空间　右页图
儿童房和家中其他地方的玩耍空间同等重要。它们可以和厨房或餐厅的角落一样简单，也可以像特别装饰的游戏室一样复杂。

"我认为孩子们有创造、玩耍和学习的地方非常重要。理想情况是：有窗，可以沐浴在阳光下，享受美好的大自然。"

主编：珍妮·莱温
（Jenny Levié）

女孩房间

女孩卧室需要体现强烈情感和消遣活动。尽量不要过于依赖特定主题。儿童的口味变化和发展速度比成年人快得多。因此，最好避免花费大量时间，盲目创造一种几个月内就会过时或不受欢迎的设计方案。女孩喜欢参与装饰决策，所以请和女儿谈谈她的所见所爱。鼓励她创建自己喜爱的图像剪贴簿，帮助她形成自己的视觉观。

自由摄影师兼设计师莱斯利·谢林（Leslie Shewring）没有在她女儿的房间里引入特定主题，而是让女儿收集自己喜欢的东西，包括妈妈自己的艺术藏品。"偶尔，我会买一些她感兴趣的主题小版画，比如旋转木马或纸杯蛋糕，以及非玩具的物品：诸如嵌套娃娃或容器、闪闪发光的人物或可以藏东西的装饰小盒子。我制作了简易床头板盖布，悬挂在墙上，因此在床上跑跳时，不会有坚硬的表面。当然，家人或朋友来访时，在孩子房间额外加张床是不错的选择。"

> "我决定对头摆放两张低矮平台床，打造长条柔软空间，方便休闲、阅读、玩耍。它类似又长又宽的沙发，谁不喜欢赖在堆满垫子的沙发上呢？"
>
> 莱斯利·谢林
> （Leslie Shewring）

沙发床　下图
提供舒适的休息空间非常重要。孩子们能在这样的房间里感受到家的温暖。随着年龄的增长，他们长大成人，而房间则成为重要的避风港。所以，请尽可能地为他们创造时尚迷人的房间。

永恒魅力 上图

不受年龄影响，装饰儿童房可以更多地尝试艺术和配饰。只要设计舒适的床、充足的收纳空间和充足的玩耍空间，那么这样的房间肯定适合孩子。

女孩们特别喜欢和朋友们一起睡觉。条件允许时，可以增设睡眠空间。请充分利用房间高度。安装一张双层床或一张空间充足的船舱床，其下方可收纳额外床垫。客人来访时，可使用装有脚轮的矮床。客人离开时可收起矮床，节省空间。

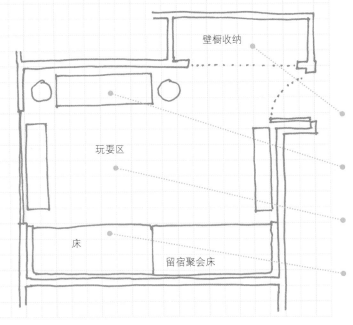

壁橱收纳

玩耍区

床

留宿聚会床

收纳是儿童房的关键。玩具、衣服、梳妆盒和游戏用具需要摆放在方便拿取的地方。

抽屉柜功能多样，可存放并展示较小物品。

请留出灵活空间，玩耍棋盘游戏、过家家、拼图或玩偶。

如果空间允许，可以为聚会留宿者和客人使用备用床。

"我认可这种理念：展示她好奇的东西，而非玩具。"

莱斯利 · 谢林
（Leslie Shewring）

全龄段孩子的房间

创建房间，与孩子共同成长

重新粉刷墙面或引入新色家具，响应年龄变化；改变悬挂物品或更换成熟新床。

"我喜欢在儿童房摆放旧玩具。希望在充斥大量信息的今天，依旧能够回忆起过去的美好时光。旧玩具通常非常迷人，不一定必须是收藏品。"

设计师：艾米莉·戴森
（Emily Dyson）

炫彩橱柜　上图
粉刷家具是一种快速简便地响应儿童房变化的方式。粉刷孩子最爱的色彩或契合儿童房的色调。

粉红色港湾　下图
将一面墙涂成粉红色，并使用漂亮的配件如毛毯和花垫可将房间变成粉红色的宫殿，继续女性居室设计主题。

灵活的装饰理念

▶ 为幼儿选择一张床，与之共同成长。幼时，古色古香的雪橇床或双层床可能看起来很小，但是会陪伴他度过5-6年的美好时光。

▶ 在房间的一面墙上涂上孩子喜欢的色彩。时常与他们确认，是否依旧喜欢；如果不再喜欢，请重新喷漆或贴上墙纸。

▶ 学习和装饰可以共同推进。在一面墙上贴上巨幅世界地图、科学符号或悬挂介绍动植物的复古海报。

▶ 请留意孩子在艺术画廊或博物馆中的反应，并将其带至儿童房。不能因为他们是孩子，就意味着他们无法欣赏如文森特·梵高或印象派的作品。

▶ 将孩子名字添至壁挂字母、垫子、枕头或毛巾上的，也可将首字母粉刷到家具上，个性化定制儿童房。

▶ 为孩子制作创意的物品：拼布被子、玩具箱、玩偶房子、木制微型座椅、家庭纪念品的框架印刷品或摆放在盒子里的童年最爱玩具。

▶ 设计展示孩子艺术品的地方。它鼓励创造、增强信心，让孩子认识到自己的努力受到了重视。

睡觉　左上图

无论何时，双层床都是舒适、有趣、吸引人的，它可以节省空间，长期深受孩子们的喜爱。请尽量增添整体搁架和照明家具。

传承　左下图

婴儿房很容易改造成青少年的房间。这里现在用于摆放玩具，以后可以作为做功课的额外空间。

星章和臂章　右上图

选用特定色彩的配饰，打造轻松主题。孩子长大后对旧设计形式感到厌倦时，可以轻松翻新改造。

个性空间　右下图

粉刷古色古香的雪橇床，凸显其特色，并将其摆放在孩子名字下方，打造空间焦点。这种装饰方式绝不会出错。

男孩房间

通常，男孩们希望自己的卧室中可以开展大型游戏活动，如拳击、桌游（即迷你桌上足球）、建立复杂的赛车轨道、大片建筑砖块等。男孩比女孩更倾向于使用书桌，例如制作模型。开始规划装饰男孩房间时，请牢记这一点。

美好空间

传统的航海主题男孩房间精致得体，其装饰均由配饰打造而成。因此，随着孩子长大，这种风格的房间可轻松改造。

安娜－马林·林格伦（Anna-Malin Lindgren）之前是蒙台梭利学校的老师，现转行做插画师。她创造出一间"有趣第一、男孩房间第二"的房间。所以随着她儿子的成长，房间可轻松改造。金属框架床上装饰着定制靠垫和航海羽绒被。航海主题通过海盗彩旗、悬挂在屋檐上的一串绳索和船舶风格体现出来，并且展示她儿子的艺术品和独特的点滴生活。复古手提箱堆放在地板上，延续了航海主题和房间的复古感。

锻炼　左图
运动鞋摆放在书桌上。这张书桌功能强大，可做作业和创意活动。在儿童房中，木地板意义非凡，因为孩子摔倒是不可避免的。

儿童房中，书桌用处很大，即使只包含一张小桌子和一把折叠椅。

金属框架床坚固耐用，床下方设有收纳空间。

请在房间中央保留一些空间，供朋友们来访时玩耍。

一面墙设计成可以收纳的空间，独立式或嵌入式收纳柜都可以。

创意办公空间

如果在家进行创意工作，那么拥有一个称之为自己的空间是非常重要的。理想情况下，这里安静、光线充足，拥有足够的收纳空间和宽敞的办公桌。展示想法和灵感的地方也是关键所在。请记得纳入最爱的物品，在灵感慢慢消退时，可以振奋精神或鼓励想法的流动。

列出创意工作所需，无论是花艺还是艺术品、写作还是排版，陶瓷还是缝纫。找到家中的最佳位置，适合灵感创造同时又温暖、舒适的空间。

如果工作需要，工作区可设计在最小的空间中，如步入式衣柜、卧室或客厅的人造墙后面，厨房橱柜的折叠式桌子，花园或附楼中专门打造的独立空间。只要有几平方米的空间，就可以打造工作区，或临时或永久、或微不足道或富丽堂皇。

实用规划　挑选哪些家具应优先考虑。是否需要选用开展规划和文书工作的大桌子或适合摆放大号工具或容器的大橱柜？是否需要一整面展示空间表达想法？是否需要桌子或专用工作台进行缝纫或阅读参考资料、小册子等？

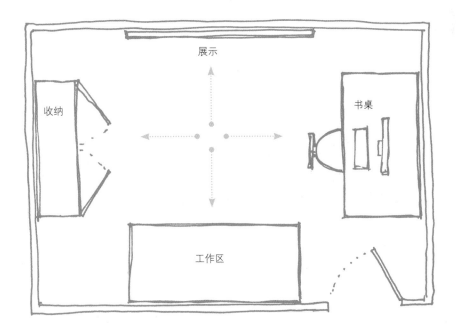

"我最爱的房间一直在变化。通常来说，我最爱刚刚装修完毕或是重新翻修的房间！不得不说，这就是装饰的力量。集结灵感、想法和创造力，共同打造不仅契合房间功能，而且还契合自己期望的空间。"

博客博主：贝琳达·格雷厄姆
（Belinda Graham）

创意缝纫

弗吉尼亚·阿姆斯特朗（Virginia Armstrong）的缝纫台是一张简易搁板桌。需要缝纫时，将其他东西取下即可。壁架上固定展示推陈出新的灵感；平面柜里整齐地摆放着织物样本和已经完成的艺术品。

工作区　在家办公的中心区域

桌子应该摆放在可以集中注意力的安静地方。理想情况下，它应该远离客厅和卧室。如果在厨房工作，可能会因家务和零食分心；如果在卧室工作，意味着就算在夜晚也处于工作状态中；如果在客厅工作，可能一天中会被其他家庭成员打扰数次。

创意展示　上图
工作时，请将照片和重要灵感素材摆放在身边。沉浸在工作中时，它们会带来视觉呼吸和灵感。

选择适合工作需求的桌子。作家可能希望拥有坚固的传统写字台，设有嵌入式抽屉，存放文具和参考书；艺术家可能会更倾向于使用倾斜的画架式办公桌；而花匠、缝纫工、工匠则可以在搁板桌上愉快工作，并利用桌子下面的额外空间存放大量材料。摆放家人照片或者从手边的插板寻找灵感，定制个性化办公桌。

打造工作空间

▶ 选择可以摆放所有文书的桌子，需要纳入存储空间。而且可以在需要的时候，有充足的空间摆放电脑和打印机。

▶ 照明至关重要。请挑选能够有效照亮工作台和电脑屏幕的台灯。

▶ 如果在两用空间工作，请确保办公桌或工作区与其他装饰融为一体，避免出挑。

▶ 请将多余设备和材料摆放在门或抽屉内，避免分散注意力。

▶ 摆放电线和插座，方便打电话、使用电脑、照明、听音乐。

"漂亮家中的工作区将鼓励自己发挥才能，更好地表达想法、安排工作。在良好的工作氛围中带来最好的一切！"

博客博主：艾琳·霍夫斯
（Irene Hoofs）

学校改建而成的工作室
斯蒂芬妮·拉梅洛将位于阿姆斯特丹的一处校舍改建成工作室。工作区和大型客厅共用一面墙，所以将设计融入其中而非反其道而行。充足的独立收纳空间位于狭长的工作台下方，意味着工作台面也可摆放文书。

展示及收纳　左上图

莱斯利·谢林（Leslie Shewring）将加利福尼亚家中的整间房设计为她的创意区。她将所有的面料样品、色带和其他缝纫材料与花瓶、容器一起存放。这与她对插花的热情有关。

粉色展示墙　左下图

萨宾·布兰特（Sabine Brandt）的办公桌位于改造卧室的屋檐下，其中一面糖果粉色展示墙上挂有个人照片、艺术品和收藏品，打造艺术画廊的背景。

舒适书房　右上图

克里斯汀·多纳诺的丈夫马尔佐克在卧室、更衣区和套内卫生间旁边设计了一间紧凑型书房。墙面衬有深绿松石色亚麻面料，营造出温馨舒适的氛围。这一专用空间毗邻卧室，他可以在此做文书工作或看电视。

白色图书馆　右下图

萨宾·布兰特的办公桌位于改造卧室的屋檐下，其中一面糖果粉色展示墙上挂有个人照片、艺术品和收藏品，打造艺术画廊般的背景。

"在家办公对于家庭生活来说有很多优势很多，比如可以缩短办公室、工作区、厨房之间的距离。"

店主：克劳迪亚 · 诺沃特尼
（Claudia Nowotny）

复古创意

房间的任何角落都可以打造成吸引人的工作区，可在里面配备一张可移动搁板桌、一把有趣座椅和一系列创意配饰。

林赛·卡莱奥（Lyndsay Caleo）是金饰设计师，菲茨休·卡罗尔（Fitzhugh Karol）是雕刻设计师。他们充分利用空间，将设计试验品和灵感大量展示在白色搁架上。"白色适用于所有情况。对我们而言，白色是展示我们制作收集物品的完美背景。"

其余空间是休闲客厅。沿着房间的一面长墙工作有助于集中注意力，因为他们看不到任何风景，不会分心。工作台下方设有小型文件柜，存放文件和文书；时尚伊罗科木台面打造完美狭长形办公桌。

在家办公　左图
将照片、珍贵物品和参考资料摆放在办公桌上，营造出舒适宜人的氛围。请预留空间，摆放记事贴以及灵感记录本。

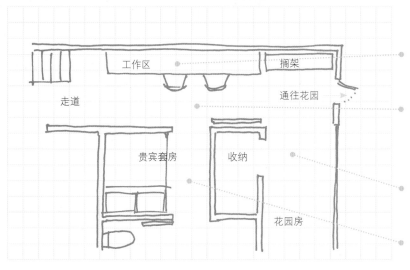

小面积工作区可依墙而设。不工作时，可以将座椅隐藏在工作台面下方。

如果将办公桌远离窗户摆放，那么工作不会分心。但是请确保拥有足够的人造光线。

专用收纳空间隐藏在工作区之外，可以收纳用于雕刻、金属制品以及设计得更庞大的材料。

贵宾套房隐藏在工作区后方。

家庭办公空间

如果不必出门办公，那么在家中拥有可以称之为专门办公的空间非常重要。打造可以收纳、检索和处理所有必要设备、材料，保存个人办公工具的地方。从心理上和生理上来说，拥有独立工作区总是不错的。但是，也可以通过添置屏风的方式分隔空间或配备可移动的便携式书桌，打造工作角。

林赛·卡莱奥（Lyndsay Caleo）和菲茨休·卡罗尔（Fitzhugh Karol）将布鲁克林住宅的花园层设计成休闲工作区兼贵宾套房。这种布局设计非常适合在家办公。因为那里平静、安宁，可以直接进入花园，沐浴充足的自然光线；而到了夜晚和周末，它可以切换成完美的贵客套房。

工作墙
小面积家庭办公区可定制鸽笼式搁架和木质台面，并且在两张并排摆放的办公桌之间嵌入橱柜和独立式收纳柜。

"我们特意选用白色作为空间背景。因为我们每天都会看到大量物品，白色会让我们感到宁静、放松。白色是永恒的色彩。"

林赛·卡莱奥（Lyndsay Caleo）
菲茨休·卡罗尔（Fitzhugh Karol）

Chapter 04

关注居室装饰细节
ATTENTION TO DETAIL

"增添令人惊叹的元素，堪称画龙点睛，
将普通空间改造成非凡空间。"

亚比该 · 阿埃伦
（Abigail Ahern）

巧妙展示

在收集和发现的好物里打造出静物画，并将其摆放在壁炉架或搁
架上。动植物群、针织用品店里的丝绸、废弃的价格标志和破旧
的相框色彩、纹理和谐统一，极具凝聚力。

"乔纳森选用垫子作为传递他设计理念的画布。"

创意总监、作家：西蒙·多南
（Simon Doonan）

"在我制作全新作品和全新藏品时，材料也在不断更新换代。我那可怜的丈夫绝不会知道心爱的陶瓷片、沙发或是台灯什么时候会消失，并且换成其他全新的物品。"

陶艺家、室内设计师：乔纳森·阿德勒
（Jonathan Adler）

陶艺展示架
根据高度、功能、风格或色彩组合陶瓷。玩转布局，直至完美，愉悦人心。

点睛之笔

一旦开始规划设计空间，并用喜爱并长期使用的物品装饰时，就需要考虑点睛之笔。空间里的细节会带来微妙的和谐感、完美配色或是独特的装饰触感，均能提升房间装饰水准，化腐朽为神奇。

环顾四周，仔细检查自己的物品，找出与自己有情感联系的物品。可能是摆放在破旧相框里的家庭度假照片、孩子的绘画或艺术品、朋友馈赠的植物或旅行带回来的珍贵物品，都可以展示出来。

仔细挑选、画龙点睛，明确产生的效果如何。这是装饰的重要一步。细节之处见真知。不论是装饰性灯具、质感丰富的毯子或小地毯、少量喷漆的相框还是小物件，比如软垫座椅上的滚边或精致的展示陶瓷碗。

锦上添花　环顾新装修的房间时，观察它是否在呼唤多一点爱和关注？房间看起来是有点简单还是过于华丽？房间内是否需要使用一两块地毯活跃氛围？有足够的沙发靠垫和毯子吗？房间灯光是否有点欠缺？认真考虑如何将细节做到极致。

照明细节
引入装饰细节，如卧室壁灯，营造出迷人的氛围。这款魅力单品绝对会给花卉图案墙纸和珍珠气球窗帘增添魅力。

"任何空间的最后几层都是最具审美性质的，因为这些是真正打造个性化房间并展现其灵魂的细节布艺品。为了质地，温暖和流行的颜色，添加装饰垫和手工地毯。反映生活和个性的体现要素。"

唐·费利奇亚
（Thom Felicia）

卧室装修收尾
堆叠织物是铺好床铺、打造卧室焦点的好方法。堆放各式靠垫，并且被子、床罩层叠铺设，营造视觉效果。

布局的艺术

通过展示 创造效果

分门别类摆放藏品是设计师的梦想。但有时，这可能给居室装饰者带来困扰。是否应该将相框放在一起或改变形状、色彩和尺寸？新旧座椅混搭使用会比纯粹的复古阵容更好吗？是让搁架、桌面或壁炉架上的其中一件藏品脱颖而出还是应该只展示其中的三件藏品呢？

一般来说，选用三件类似藏品展出比两件的效果更佳。别致藏品给人带来一场视觉盛宴，趣味性高；随意摆放的画框精致美丽，样式丰富，创造引人入胜的视觉盛宴。如果仅展示几件物品，请确保它们与房间的整体风格保持一致。例如，壁炉架上的三只蜡烛更适合放置在简约的房间里，如果放置在炫彩房间内，则会适得其反。

"在墙上悬挂创意艺术品，不需要太多成本。可以去二手商店和旧物店购买特价商品。请不要只在一家商店购物，因为会导致按照销售目录购物，没有新意。请不要忘记，将家打造成家的模样，这才是有意义的。"

主编：德博拉·比比
（Deborah Bibby）

"将艺术藏品分组呈列于墙上，效果绝佳。因为仅仅需要堆砌藏品件数，就可以打造强烈的视觉效果。有些人可能推荐墙上挂 3–5 件藏品即可。如果我来推荐，我会说越多越好！"

Etsy 店主：克里斯蒂娜·巴奇李
（Christina Batch-Lee）

分组摆放照片　左下图
如果所有的单一元素之间完全不同，那么排列展示效果最佳。维森特·沃夫（Vicente Wolf）在纽约阁楼里无缝连接的搁架上摆放着一系列黑白照片，打造完美画廊。一排不常用的各式风格座椅好似在进行一场诙谐的游行。

艺术画廊　右下图
瑞塔·昆尼希（Rita Konig）喜欢在壁炉上随意分组摆放图片。画布和框架画以花草自然元素为主题，混合搭配。按主题对图片进行分组，效果也会很好。

展示

▶ 按色彩分组适用于摆放玻璃，特别是摆放在壁炉架和窗台上时。简单排列，打造焦点，并且靠近自然光线摆放，产生最大效果。

▶ 完美展示通常需要在藏品中注入一些幽默元素。带有面孔的玻璃和陶瓷、成人的发条玩具或相框里独特的复古黑白杂志，都可轻松实现。

▶ 自然物品非常适合展示，魅力无限。海贝壳、青枝绿叶、花饰窗格叶以及从森林找到的松树锥，都是随意发掘出的展示好物。

▶ 将照片摆放在相框中起装饰作用。将小相框摆放在侧桌或窗台上，为大相框留出更多空间。可以将它们靠墙——分散开，或者让大尺寸物品靠墙而立，打造画廊即视感。

▶ 意想不到的人工制品很容易引起人们的注意。复古厨房、20世纪60年代的玻璃器皿、人造复古花、明亮的纺织品和时尚标志垫子都是不寻常但效果绝佳的展示物品。

▶ 展示室内绿植，营造绿色气息。将大型植物（无花果树或橡胶植物）摆放在一起，前面摆放羽毛蕨类植物或耐寒吊兰，营造出丝丝复古韵味，尽显生态本色。

布局保持一致性。它可以是统一系列的色彩、形状或材料；也可以是类似物品的集合，如座椅、靠垫、蜡烛。请考虑物品的高度和比例，因为这是出效果的另一种方式。

根据喜好安排布局。如果物品放置在搁架上，考虑从上方或下方进行照明；如果物品放置在地板上，则考虑背景灯。天花板上的倾斜聚光灯适用于墙面展示，特别是绘画和艺术品。

玻璃藏品　上图
乔纳森·阿德勒（Jonathan Adler）收藏的20世纪60年代威尼斯玻璃器皿幽默诙谐、色彩缤纷，与传统房间的白色墙面和壁炉相映成趣。它们出乎人们的意料，趣味性极高。

"岁月流逝，慢慢寻找
契合自己品味、风格和
经历的物品，打造愉悦
人心的内饰。"

设计师：米歇尔·亚当斯
（Michelle Adams）

秋天的玻璃
现代药剂师罐子，营造装饰药房的愉
悦之感。选用鲜艳色彩和大量细节，
打造吸引人的橱窗展示空间。

"数量多力量大。搁架上的两个小摆件不值一提；但是二十个匹配的小摆件就是一系列藏品！有凝聚力的主题是让收藏品脱颖而出的关键所在。"

Etsy 店主：克里斯蒂娜·巴奇李

多样异域风情

白色时尚的搁架上展示了旅行的成果。法国南部 Astier de Villatte 陶瓷、远东佛像，丹麦陶瓷、印尼蜡染模板和传承的锡制品一一摆放在搁架上。白色是统一色调。

混凝土搁架藏品　左上图

厚重的混凝土搁架由金属支架支撑，上面摆放着别致的陶瓷以及蔓生植物，营造丝丝绿意。

复古藏品　左下图

开放式素白搁架上摆放着 20 世纪 50-60 年代的各式醒酒器、花瓶和冰桶，张扬个性。

联络情感　右上图

萨尼娅·佩尔（Sania Pell）花费时间，将她孩子的第一件开襟羊毛衫和鞋子装裱在相框里，并且将它们摆放在卧室一面展示个人纪念品的墙上。

请给我写信　右下图

如果和家人朋友相距甚远，那么可以在厨房中展示贺卡和明信片。这是一种维系情感的好办法。

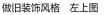

做旧装饰风格 左上图
优雅的锥形腿控制台，粉刷成时尚灰色，营造出做旧的风格，成为现代居室中具有传统意味的焦点。

小物品 左下图
瑞塔·昆尼希（Rita Konig）纽约公寓里的壁炉架上交织展示着修道士小雕像与微型设计师花瓶藏品，体现出些许幽默诙谐。

迷幻玻璃 右上图
棕色、绿色和白色玻璃线条流畅，醒目地展示在铁质壁炉架上。其色彩、造型、尺寸各异，完美得体，效果斐然。

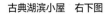

古典湖滨小屋 右下图
汤姆·费里斯埃的湖滨小屋采用古典设计风格，营造舒适宜人的氛围。木墙上骄傲地展示着狩猎战利品，打造乡村风居室焦点。

"我的审美理念是将经典简约风格与现代风格融为一体。"

设计师：汤姆·费里斯埃
（Thom Felicia）

镜子   反射

镜子是引入更多光线的好方法，尤其是光线欠佳的走廊和黑暗空间，而且镜子本身也起到装饰作用。寻找有趣的复古镜子或购买现代镜子。镜子的形状、大小、框架和绕饰多种多样，选择余地很大。如果确定镜子风格，那么可以去旧物市场或跳蚤市场寻找。如果找不到想要的镜子，请让设计师定制一枚镜子。

"就算亲戚品味乏味，或者根本没有品位。但是我相信阁楼的某个地方一定隐藏着宝贝。就算它只是一只看起来破旧不堪的手提箱。每个家庭都有一个美丽的宝藏。"

时尚作家兼室内设计师：托里·梅洛特
（Tori Mellott）

"镜子和灯具扩宽了空间的深度。"

设计师：露德·奎特科斯
（Lulu de Kwiatkowski）

魅力日光浴   右上图
乔纳森·阿德勒（Jonathan Adler）家中的复古太阳镜的玻璃是舷窗式的，可以瞥见游戏室中的鱼缸。

花环铬镜   右下图
这款引人注目的雨滴镜采用复古镀铬和镜面玻璃制成，上面有C. Jeré壁饰雕塑家居配饰公司的金属制品艺术家的签名和日期。

复古镜   右页上图
卧室墙面上摆放着一排复古镜，效果绝佳，趣味性高。镜子造型越多，效果越好。

法式奢华   右页左下图
镜子和藏品完美匹配，位于传统人造壁炉旁，打造成奢华的焦点。通常，这种褶边家具在空间中效果最佳，因为没有太多的无关细节令人分心。

哥特式华美   右页右下图
在过分朴素的房间内，穿衣镜足以使得空间焕然一新；空间改变太突然，连贵宾犬都忍不住偷看几眼。

灯具

通常，装饰照明能够起到画龙点睛的作用。引入大量吊灯，打造房间一大看点。查阅大量现代全新配饰以及复古好物，激发灵感。

> "灯具可以成为房间中的焦点。因此，一开始就应该将其考虑进设计方案中。"

灯具设计师：玛西娅·齐亚普里文
（Marcia Zia-Priven）

20 世纪 50 年代魅力风

复古好物重新修复，装配最新灯泡，为空间增添一丝魅力。调整弯曲角度，使其契合现有的天花板特征，如玫瑰花纹吊顶。

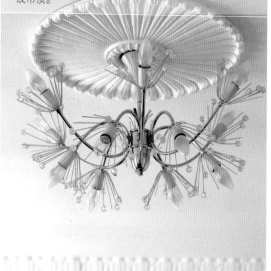

时尚灯泡

新旧交织，幽默诙谐，这体现在裸露的灯泡上。这种灯具可临时使用，方便移动。因此，如果暂时还未在跳蚤市场找到心意之物，可以购置一枚裸灯泡做临时替代品。

完美结局

法式吊灯让人想起法式蛋糕店和热闹的客厅。它适用于生活空间中错综复杂的建筑细节背景。

丹麦现代风

这款经典 PH Artichoke 灯具是由保罗·汉宁森（Poul Henningsen）设计的。几十年前，该灯具是为哥本哈根餐厅设计的，第一批仍然悬挂在餐厅中。它也可以悬挂在走廊、餐桌以及客厅中，效果同等出色。

飞舞的玻璃　左上图

Ocher's Light Drizzle 现代枝形吊灯令人艳羡不已，其由抛光镍和透明玻璃吊坠制成。它魅力非凡，既可以美化简约客厅，也可以为增色。

法式复古　左下图

拥有华丽底座的台灯重新流行起来，装扮完美客厅和餐厅。这款装有弹簧的银莲花造型金属底座台灯样式可爱、色彩炫丽。

> "灯具是家中珍宝，因为它唤起了人们的情感。"

灯具设计师：玛西娅·齐亚普里文

> "网上拥有各式各样的惊艳灯具。只需打开搜索引擎，就会对找到的东西感到惊讶不已。"

设计师：瓦内萨·德瓦加斯
（Vanessa De Vargas）

点亮生活

▶ 装饰吊灯让客厅、厨房或餐厅焕然一新。保证房间其他地方也有足够的灯具：可以是射灯、工作台灯或落地灯。

▶ 一间拥有顶部吊灯、枝形吊灯、几盏台灯和一盏落地灯的房间总是会比只设有刺眼的头顶照明用灯更为温馨，而且趣味性高。

▶ 引入上射灯、下射灯或天花射灯，增加戏剧性效果，凸显建筑特征，如壁炉和拱门精准点亮特定物品如图片或雕塑。

▶ 如果选择大型枝形吊灯，无论是定制的还是现成的，都会非常吸引眼球。

▶ 凸显台灯的装饰作用。还可以作为光源，将其摆放在控制台、边桌或者书桌的显眼位置上。

▶ 在现代公寓或乡村小屋中，复古书桌台灯同样能够营造舒适宜人的氛围。因为它们洁净、线条经典。

▶ 如果在隐藏式搁板或玻璃橱柜中展示物品，则可以在藏品前面或后面增添灯具，营造戏剧性的效果；也可以选用向下照明或边缘照明的方式。

"灯具可以改变房间的整体氛围。可以使用调光器、灯泡盖或全新色调改造灯具，花费甚微。"

设计师：雷切尔 · 阿什韦尔
（Rachel Ashwell）

烟灰玻璃花卉图案灯具
玻璃底座经典优雅，乡村花卉图案灯罩与底座对比鲜明、色彩互补。灯具既能提供光源，还能起到装饰的作用。这一点在卧室和客厅中尤为突出。

坐垫

提供舒适、个性化的设计风格，靠垫是改变房间色彩平衡，响应季节性变化，装扮破旧或丑陋座椅，改变卧室外观以花费最少的完美布艺品。

20 世纪中期风格图案　左上图
在弗吉尼亚阿姆斯特朗伦敦的家中，经典的 Ercol 沙发上，正确的 Roddy 和 Ginger 纺织品与其他图案混合在一起。挑选出两种基色，然后使用结合了两种颜色的垫子进行装饰既令人愉悦，又十分有趣。

纹理　左下图
混合搭配颜色和图案，然后添加一些纹理，在中性空间的干净衬里家具上创造额外的舒适感。

纯白至纯　右下图
混合垫子形状，特别是当它们具有相似的颜色时。这款针织螺纹方形衬垫在圆形灰色荷叶边真丝衬垫后面增添了一定的柔软度。

"靠垫可以为中性居室主题增添一丝韵味，并赋予其个性。手工刺绣和复古布艺制品成为珍贵的手工艺品，启迪调色板和房间主题，打造独一无二的家。"

设计师：尼基·琼斯
Niki Jones

"始终关注细节。诸如地毯、垫子之类的完美设计会让一切变得与众不同。"

设计师：尼特·保卡斯
（Nate Berkus）

时尚设计
床垫滚边的图案清晰可见。其设计风格统一，包括花式的针尖设计、来源于生活中的不同风格的花卉织物、朴素的天鹅绒图形图案等。

鲜花

鲜花堪称居室明珠。一个小细节，也许会彻底改变房间，好似闪闪发光的项链提升了黑色礼服气质一样。请精心挑选鲜花，因其装饰功能强大，能够完美表现自我。

春天里的罂粟花　左上图

将鲜艳花束摆放在纯白花瓶中，获取最佳色彩效果。当放在餐桌或走廊桌上时，这些多色且像纸一般的罂粟花将照亮任何人的一天。

玫瑰和牡丹　左下图

如果喜欢金属花瓶的效果，可以在其内部放一只小花瓶，否则金属会缩短鲜花寿命。芥末色大丽花花团锦簇，与深粉、柔粉玫瑰和牡丹相得益彰。

朦胧雏菊　右下图

朴素的非洲菊摆放在乔纳森·阿德勒（Jonathan Adler）设计的容器里，显得非常特别。旁边是金色耀眼螺纹花瓶。花瓶装饰越少，效果越好。

展示鲜花

尝试展示鲜花。收集最喜欢的花瓶，制作一份喜爱的鲜花清单配合每个房间的色彩。然后根据不同季节，搭配不同花束，并且享受其中。

"记住一些鲜花！我总是挑选小枝条放入小花瓶中，我发现很难在杂货店抵制住它们的诱惑。因为，这些花儿给人舒适的感觉，点亮每一个角落。"

摄影师、造型师：莱斯利 · 谢林
（Leslie Shewring）

"选择一种花束，将其摆放在多个花盆或单一花盆中，其效果比选用多种花色、多种类型更佳。设计花形时，重复是最简单有效的方式。"

花店店主：葆拉 · 普雷克
（Paula Pryke）

乡间彩虹　左下图
采摘乡村花园里的鲜花，将其松散地摆放在复古珐琅花瓶中。为愉快的夏日午餐派对做准备或只是活跃厨房餐桌的氛围。

魅力玫瑰　右下图
这种糖梅粉色玫瑰的组合显示为单个茎，高高的玻璃圆筒包裹着纸质桌布，手工制作的天蓝色纸和细绳，营造出一种具有绘画风格的精致静物。

20 世纪 30 年代魅力　右上图

柔粉色玫瑰花团锦簇，与装饰艺术风格的磨砂釉面花瓶完美搭配。选择与鲜花形成鲜明对比或者色彩和谐的花瓶，创造完整的色彩故事。

乡村花园　左下图

绿色、白色和黄色是花园中最常见的色彩。因此，可以在柔绿色水壶和花瓶中展现这些色彩的鲜花，好似春天般清新。

玫瑰花碗　右下图

剪掉玫瑰，绣球花或牡丹等大花的头部，将它们放入一个浅碗中，闻味即时花香。

"鲜花可以为任何家庭增添温暖和魅力。我喜欢选用适合一年中某个时间的调色板来庆祝季节。我的花艺设计来源大自然。我从大自然中出现的色彩故事中获取线索，并喜欢以流动和自然的方式摆放鲜花。"

花店店主：帕姆·佐里
（Pam Zsori）

糖果色彩虹

彩虹色糖果玻璃瓶看起来就像
糖果店里的展示品。所以，每
只花瓶内只需要摆放几只花朵
即可打造明亮艳丽的画面。

容器

选择赏心悦目的容器展示鲜花与选择色彩明艳的鲜
花同样重要。始终留意炫彩、不寻常、复古、朴素
的花瓶、水壶或碗，展示不同花束。

"为鲜花添置创意容器：使用旧瓶子、
罐子、罐头、旧银茶壶、复古水壶或当
地古董市场的奇特陶瓷壶。"

博客博主：卡罗琳·泰勒
（Caroline Taylor）

东方影响力　右上图

东方茶壶装饰有樱花和叽叽喳喳的鸟儿，摆放在种植有羽扇豆和峨
参的乡村花园中，满眼绿色，打造完美和谐的视觉效果。

草地边缘　右下图

柯雷蒂斯在哥本哈根诺曼设计的获奖花草瓶，用于摆放偶然觅得的
鲜花和灌木树篱。通常，人们会忽略这些物品，而关注更为精致的
物品。

> **"我喜欢选用黄绿色、红色的茄子花卉，
> 打造优雅空间。"**
>
> 活动策划人：艾米·阿特拉斯
> （Amy Atlas）

形成自己的特色

▶ 水壶、茶壶、烛台、瓶子和罐子都是很好的容器，可以兼
做花瓶使用。

▶ 复古花瓶可能会有未察觉到的裂缝。因此，在最喜欢的跳
蚤市场购置花瓶时，请检查是否漏水。

▶ 如果有一只美丽但破败、不能盛水的容器，请使用人造花
摆放其中。

▶ 避免使用金属花瓶，因其会缩短花的寿命。

▶ 尽量避免使用绿砖插花泥。这种泡沫不可降解，导致花束
快速干瘪。它还与已知的致癌物质甲醛结合。请用花店的
铁丝绑住茎。

▶ 不同的花有不同的寿命。鲜花凋谢后，请移除死茎，继续
展示花束的其他部分，这样看起来最为新鲜。

▶ 有趣的容器匹配有趣的内容。使用质朴水壶展示鲜艳牡丹，
或者在 20 世纪 50 年代使用的简约弯曲花瓶中摆放来自大
自然的豆荚、浆果和树枝。

▶ 为了展示有趣或多彩的系列容器，请在每个容器中只摆放
几朵花，避免人们只看花而非看容器。

"我喜欢使用大花瓶装满鲜花，并在旁边的壁炉架上摆放一只小得多的花瓶，只插一只花。继续调整花形，直至满意为止。一个好建议是退后一步，查看整体展示情况。最重要的是，玩得开心。"

设计师：塞利纳·莱克
（Selina Lake）

闪亮玫瑰　左下图
萨尼娅·佩尔（Sania Pell）家中的单柄脚花瓶精致华丽，呈鱼缸状，里面放满了微小的银色亮片，闪闪发亮。花瓶里的玫瑰花尽情绽放，魅力迷人。

蓝色调　右下图
蓝色山萝卜属植物完美摆放在废弃罐子和药瓶中，给窗台带来了一丝草药花园的韵味。

餐桌布置

布置餐桌，展现个人风格或为客人营造快乐氛围。

可以采用和收纳衣服同样的方收纳陶瓷。一套朴素的玻璃器皿可以用于日常生活，同时搭配趣味桌布和一瓶宝石般明亮的鲜花。添加关键元素，如艳丽花瓶、炫彩香槟酒杯、酒杯或炫彩餐巾件。混合搭配，让看似相同的物品，打造出不同的效果。

"我将剩余布料用作餐巾和桌布。这是巧妙、廉价的方式，重复利用残余的织物碎片，打造独一无二的餐桌。"

时尚作家：托里 · 梅洛特

朴素简约 左下图
选择素净瓷器，便于在亚麻垫子和餐巾上做文章。可以增添上纹理和炫彩鲜花，提升中性场景感。玻璃器皿也可以添加纹理。

收纳 右下图
亚麻餐巾摆放在瓷器餐盘上，其下方垫着海草垫。餐巾上点缀着蝴蝶图案，惟妙惟肖；餐桌上摆放着一盆紫丁香。

柔美的触感
粉色餐盘精美绝伦，摆放在破旧木桌上；绣球花摆放在矮胖玻璃花瓶中。餐桌上可摆放任意数量的简约炫彩瓷器，效果绝佳。

"银器和高脚杯不需要成套使用。实际上，多种风格和色彩更加有趣，能够引起客人的关注。迷你花卉布置个性化空间，让客人感到身心愉悦"

设计师：马修·迈德
（Matthew Mead）

"我有一系列质地坚固、外形美观的白色餐具可供娱乐活动。我会购买新鲜欲滴、色彩艳丽的鲜花，让食物和鲜花掌握发言权！"

时尚作家：托里·梅洛特

"利用优质餐具。合理放置，轻松放取。不仅在特别场合可以使用这套美丽餐具，还可以在心血来潮时使用。令人惊讶的是，好好利用餐具能改善情绪。"

厨房设计师：苏珊·塞拉
（Susan Serra）

夏日午餐　左下图
在长桌上摆放几个花瓶，给娱乐活动带来冲击力和奢华感。客人总是喜欢鲜花和布置得体的餐桌。这是营造强烈场合氛围的一部分要事。

炫彩陶瓷　右下图
将蜡烛摆放在餐桌上。如果蜡烛在高大的烛台中，可以将小花束摆放在整齐低矮的花瓶中，变换餐桌饰品的高度。如果瓷器简约朴素，请大胆选用茂盛的花束，创造错综复杂的视觉效果。

"放弃。放弃不能令人产生共鸣的物品。摆脱。摆脱任何扼杀个性风格的东西。"

作家：卡丽·麦卡锡
（Carrie McCarthy）

"最好是寻找同种系列的藏品，如花瓶、绘画和半身雕像。在家中打造一个主题，并且将其展示出来，统一空间。"

设计师：莱斯利·奥斯曼
（Leslie Oschmann）

"我告诉别人，不要试图立刻完成所有工作。随着时间的推移，经过反复修订实验，才能设计出优秀的作品。人的想法也会改变。设计空间并没有灵丹妙药。"

设计师：埃米·巴特勒
（Amy Butler）

"从侧面考虑。美丽但古老的茶壶，其壶嘴破损，但可以制作成不错的花瓶；破旧摇摆的凳子可以改造成植物架；蕾丝床罩可以悬挂在窗户上；小面积织物可以覆盖屏幕的一块面板。"

设计师：埃米莉·查默斯
（Emily Chalmers）

"混搭色彩、图案时，我通常会寻找图案中最不强烈的色彩，还会寻找互补色或与图案匹配的色彩。"

博客博主：维维安·曼苏尔
Vivian Mansour

"从我的经验来看，人们处理杂乱无章的方式有两种：堆摊式和堆叠式。我丈夫是前者，我是后者。我想清理杂乱物品时，我首先会将家人散乱的物品全部堆叠起来。并会感觉良好，而且我会感觉周围环境更加美观了。我无法解释，但这就像魔术一般神奇。"

主编：克里斯汀·范·奥格特罗普
（Kristin van Ogtrop）

"从某处开始，从小开始。挑选一间房间，解决问题。不犯错误，就不会进步。"

纺织品设计师、作者：安妮特·塔图姆
（Annette Tatum）

"将最爱的物品摆放在搁架上，不要思考太多。然后往后退一步观察，取下不合适的物品。对我来说，装饰就是让事情不断发展下去，就像故事一样，千真万确。"

设计师：皮亚·简·比克
（Pia Jane Bijkerk）

气派瓷器
曼兹哈格多恩－奥尔森（Mads Hagedorn-Olsen）和妻子卡伦基尔德·拉森（KarenKjældgård-Larsen）哥本哈根家中，设有喷漆做旧储物柜，上面展示着愉悦身心的丹麦瓷器。

致谢及后记
ACKNOWLEDGEMENTS & AFTERWORD

黛凡·特雷洛尔（Debi Treloar），专注、拥有迷人双眸、极具传染力的笑容。我们深夜的一番畅谈，帮助本书顺利完稿，堪称完美。感谢始终如一拍摄出如此"精彩"的照片。同时，还要特别感谢Woody Holding帮助我们拍摄大量照片。

雅克·史密斯（Jacqui Small），谢谢贵公司提供如此好的机会。贵公司公平、友好、耐心。我由衷钦佩其奉献精神和智慧。非常感谢乔安娜·科普斯蒂克（Joanna Copestick）让我了解这个项目以及美丽的文字、友善、热情的态度。

恩安·畅克豪斯（Sian Parkhouse），谢谢无可匹敌的编辑能力和耐心。Sian充满魔力，将本书完美整合起来。致我们的书籍设计师罗宾·劳特（Robin Rout）。虽然众口难调，但是仍然设法推出了这本所有人都满意的书籍。

感谢克伦扎·斯威夫特（Kerenza Swift）和克莱尔·林普斯（Clare Limpus）的奉献以及对细节的关注。与这样专业、井然有序的团队合作真是人生幸事！我还要感谢《编年史书》Chronicle Books。我很荣幸成为作者阵容的一员。丽贝卡·费里德曼（Rebecca Friedman），是任何人都希望拥有的最好经纪人，是耀眼明星。

感谢本书可爱的贡献者，为我们提供宝贵素材。致莱斯利·谢林（Leslie Shewring），很高兴成为朋友。

我要给我亲爱的母亲克里斯汀一个大大的拥抱和很多的爱。在我很小的时候，母亲鼓励我写作、装饰家居。母亲是对的。母亲总是最了解自己的孩子。

致我的丈夫托斯滕·贝克尔（Thorsten Becker）。感谢对本项目的热情指导。很久以前，丈夫总是鼓励我自信地追求梦想。这也是博客和现在这本书出现的原因所在。托斯滕给了我生命中最美好的岁月，我非常爱你！

霍莉·贝克尔（Holly Becker）

非常感谢雅克·史密斯（Jacqui Small）。首先，贵公司认为这是一本好书；其次，贵公司给予我们积极鼓励，提供智慧、想法以及工作午餐；感谢我的合著者霍莉·贝克尔。她热爱环球旅行，热情无限；感谢黛比·特雷洛尔的漂亮摄影作品；感谢思安·帕克豪斯高效、耐心的编辑以及日程安排；感谢克伦扎·斯威夫特让我们保持良好状态；感谢罗宾·克特，面对深夜设计截止，提供世界上最好的炸鱼和薯条的信息。致汉娜（Hannah）、朱莉亚（Julia）和可爱的尼格（Nige），忍受我长期伏案工作。

乔安娜·科普斯蒂克（Joanna Copestick）

在合上本书之前，我们只需要再分享一些技巧，从我们认为最重要的开始：装饰应该很有趣。

让创造力畅快流动。调研并观察周围环境。但请留心，避免过度思考，否则可能会无力分析思考，而空置沙发数月。另一个最具建设性的意见是：不要为他们装饰居室，请为自己装饰，遵从直觉，创造属于自己的风格。

请记住，装饰没有终点。家会和自己以及家人一起成长。因此，不必急于完成装饰，请享受这个过程。最后一点建议：在家中营造一种令人愉悦的感觉：视觉、触觉、声音、味道、气味。一批新鲜出炉的饼干、舒适的电缆编织、与好朋友在桌子周围闲聊。以上这些东西与良好的平面图或精心挑选的沙发一样重要，所以请留出时间在家中度过特别时光。

我们希望大家能够喜欢装饰。如果需要鼓舞人心的文字和图像时，我们最大的愿望就是这本书能够成为大家的朋友。打造居室时，可以设计个性化印记，打造可以享受多年生活的家。

此致

敬礼！

霍莉、乔安娜